KARIN WIRNSBERGER

Prima Klima von Anfang an

Kitas for Future

HERDER
FREIBURG · BASEL · WIEN

Inhalt

Kita for Future –
Traum oder Wirklichkeit?!

Fröhlich stolpern Mia, Francesco und die anderen Kinder in die Kita. Sie sind ganz aufgeregt! Auf dem Weg zur Kita haben sie Spinnennetze in der Hecke entdeckt. Die Tautropfen darin sahen aus wie kleine Diamanten. Wie jeden Freitag waren Sie ganz klimafreundlich mit dem Bus auf Beinen (siehe S. 77) unterwegs. Heute hat Mias Vater die Kinder begleitet und ihnen ein Spinnengeheimnis verraten: „Spinnen können das Wetter anzeigen: Wenn eine Spinne morgens in der Mitte von ihrem Netz sitzt, gibt es schönes Wetter."

In der Küche wird schon fleißig geschnipselt. Heute gibt es fürs Büfett krumme Dinger aus der regionalen Bio-Kiste: Karotten und Gurken, die lustig aussehen und lecker schmecken! Luana, eine Erzieherin, bringt das gut duftende Brot mit. Es stammt vom Bäcker um die Ecke, wo sie ohnehin jeden Morgen auf dem Weg zur Kita mit dem Fahrrad vorbeifährt.

Auch die Kinder helfen tatkräftig beim Vorbereiten des Klimafrühstücks mit. Seit der letzten Aktion des „Klima-Kita-Netzwerks" liegen auf dem Büfett vor allem saisonale und regionale Produkte, weniger Butter, Käse, Wurst und Fisch, dafür viel Selbstgemachtes. Inzwischen sind bei den Kindern auch die Aufstriche aus Hülsenfrüchten sehr beliebt. Sie bereiten sie selbst zu und geben ihnen dann tolle Namen – wie „Klimamacher", „Pupsbohnenpaste" und „Knack-das-Glück-Aufstrich". Manchmal gibt es sogar einen selbst gemachten Schoko-Nuss-Aufstrich, z. B. aus übrig gebliebenen Schoko-Nikoläusen, oder ein paar Bananen aus Fairem Handel. Heute erwarten die Kinder einen besonderen Gast zum Frühstück. Die Bürgermeisterin möchte die Ideen der Kinder rund um die Verkehrsplanung hören. Wo fühlen sie sich auf dem Weg zur Kita zu Fuß, mit dem Roller oder Fahrrad sicher? Was würden

sie gerne ändern? Die Kinder haben diese Fragen in den letzten Wochen mit den pädagogischen Fachkräften und ihren Eltern genau untersucht. Dabei sind sie sich einig: Die Gehwege sind manchmal viel zu schmal. Vor allem aber brauchen sie vor der Kita einen Platz, wo sie ihre Fahrzeuge (z. B. Fahrräder, Roller und Rutschautos sicher abstellen können.
Schnell hängen Mustafa und Enna am Fenster noch die letzten Bilder ihrer persönlichen Klimahelden und -heldinnen auf. Joana und Jan bringen den „Kostet-nix-Laden" in Ordnung, ein großes Tauschregal für Kleidung, Bücher und Spiele. Jetzt kann die Bürgermeisterin kommen!

So oder so ähnlich stelle ich mir die „Kita for Future" vor, in der Klimaschutz und Weltbewusstsein im Alltag und in der pädagogischen Arbeit gelebt werden. Aber sie ist kein reiner Wunschtraum, denn schon heute gibt es Kindergärten und Kitas, die Bildung für nachhaltige Entwicklung und Globales Lernen als die Grundlage ihrer pädagogischen Arbeit verstehen und diese zukunftsweisenden Bildungskonzepte im Alltag mit vereinten Kräften umsetzen. Die Kinder, die heute in der Kita sind, haben noch ein großes Stück Zukunft vor sich. Und es liegt an uns, wie diese Zukunft aussehen wird und wie sie sich darin zurechtfinden werden: „Wir können die erste Generation sein, der es gelingt, die Armut zu beseitigen, ebenso wie wir die letzte sein könnten, die die Chance hat, unseren Planeten zu retten" (Ban-Ki Moon, UN-Generalsekretär bis 2016). Wie wird die Zukunft der Kinder aussehen?
Welchen Herausforderungen werden sie begegnen und welche Kompetenzen werden sie brauchen?
Mädchen und Jungen, die heute in die Kita gehen,

- werden 2030 noch in die Schule gehen und sich erste Gedanken darüber machen, welchen Beruf sie später ausüben wollen. Welche Berufe wird es dann geben?
- werden 2050 erwachsen sein. Wo und wie werden sie leben? Wie werden sie sich ernähren? Werden sie Familien gründen?
- werden 2100 ihren Enkelkindern Geschichten erzählen. Welche Geschichten werden das sein?

Lassen Sie uns gemeinsam eine lebenswerte Zukunft gestalten!

Karin Wirnsberger

1. Prima Klima? Von Anfang an!

Die Wissenschaft ist sich einig: Die Klimakrise ist real und sie ist menschengemacht. In erster Linie sind die Menschen in den reichen Industrieländern für den Ausstoß der Treibhausgase verantwortlich. Deutschland liegt beim CO_2-Ausstoß weit vorn, an sechster Stelle (vgl. Berkel 2020). Wir sind also Teil des Problems – aber wir können auch Teil der Lösung sein! Wir stehen der Klimakrise nicht ohnmächtig gegenüber. Die persönliche Entscheidung für einen klimabewussten Lebensstil ist vor allem dann wirkungsvoll, wenn sich Gleichgesinnte zusammenschließen, wenn aus dem Engagement Einzelner eine Bewegung wird. Jeder und jede von uns kann als Vorbild vorangehen und andere mitnehmen. Auch die Kita als Bildungseinrichtung kann etwas in Bewegung bringen. Dazu gehört, dass wir die nächste Generation auf eine andere Zukunft vorbereiten.

1.1 Heiß, heißer, Klimakrise

Wenn uns in 20 Jahren die Kinder von heute fragen, warum wir damals nicht gegen die Erderhitzung angesteuert haben, können wir nicht sagen, dass wir es nicht gewusst hätten. Denn wir kennen die Fakten: Das Klima auf unserer Erde verändert sich rasant. Ein anschauliches Bild für die Erderhitzung sind die „Klimastreifen". Sie zeigen die Temperaturveränderungen auf der Erde von 1850 bis 2021.

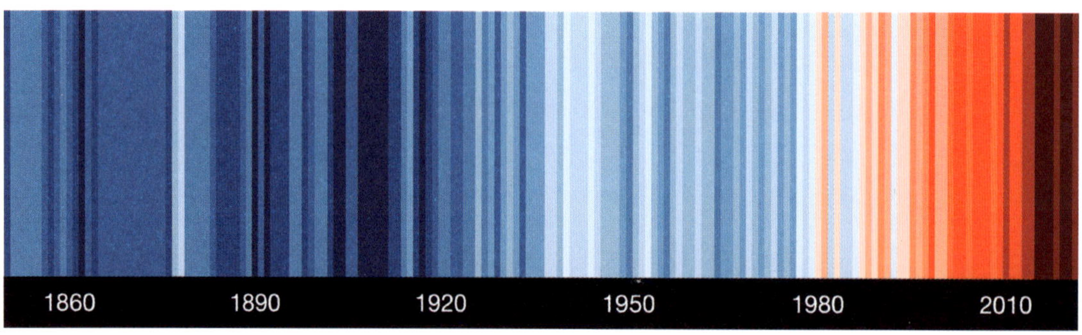

Quelle: Ed Hawkins/University of Reading, https://showyourstripes.info/l/globe

2015 einigten sich die Staaten der Welt bei der „Pariser Klimakonferenz" deshalb verbindlich darauf, den Temperaturanstieg unter 2 °C, besser noch unter 1,5 °C, zu halten, um die verheerenden Folgen des Klimawandels zu verhindern. Doch bisher ist kaum etwas passiert. Diese Passivität wird schon in der Sprache deutlich. Klimawandel? Klimakrise? Klimakatastrophe? Erderwärmung? Erderhitzung? Hitzekollaps? Die Art, wie wir über den „Klimawandel" sprechen, beeinflusst, wie wir damit umgehen (vgl. Pallinger 2021). Es macht einen Unterschied, ob wir passiv vom „Klimawandel" oder dringlicher von der „Klimakrise" sprechen – ob wir von einer harmlosen „Erderwärmung" oder bedrohlichen „Erderhitzung" sprechen.
In diesem Buch werden bewusst die Begriffe „Klimakrise" und „Erderhitzung" verwendet, um mit der gebotenen Dringlichkeit auf den Ernst der Lage hinzuweisen. Im Gegensatz zur „Klimakatastrophe" weist „Klimakrise" jedoch darauf hin, dass unsere Situation nicht hoffnungslos ist. „Krise" (griech. *krisis* = Entscheidung, entscheidende Wendung) bezeichnet den Höhepunkt einer schwierigen Situation oder Zeit. „Klimakrise" steht also für eine schwierige Situation, in der Entscheidungen getroffen werden müssen. Und zwar von jedem und jeder Einzelnen von uns.

Prima-Klima-Übung

Wir reden von „Klimaschutz", meinen aber eigentlich „Menschen-, Tier- oder Pflanzenschutz". Spüren Sie selbst nach, was die unterschiedlichen Begriffe bei Ihnen auslösen. Was verbinden Sie mit „Klimawandel", „Klimakrise" und „Klimakatastrophe"?

Um die Klimakatastrophe abzuwenden, müssen wir bis zum Jahr 2050 alle CO_2-Emissionen einstellen. Das bedeutet, dass wir ab sofort einen grundlegenden Wandel brauchen. Wir müssen unseren Konsum, unsere Mobilität und unseren Umgang mit Energie ändern. Was heißt das für unseren Alltag? Um die Erde nicht weiter zu belasten, darf jeder Mensch nicht mehr als 1 Tonne CO_2 pro Jahr in die Luft jagen. In Deutschland verursachen wir pro Kopf allerdings im Jahr über 11 Tonnen CO_2 – für Heizung, Licht und Strom, privaten Konsum, Ernährung und Mobilität (vgl. Brockhaus 2021). Wir müssen darum jetzt alles tun, um die Erderhitzung zu begrenzen. Das fordern nicht nur viele Länder des Globalen Südens bei den internationalen Klimakonferenzen, sondern auch junge Menschen bei uns. Mit lauter Stimme appellieren sie auf der Straße an uns Erwachsene: Noch ist es möglich, aktiv zu sein. Jeder Schritt zählt!

1.2 Eine Frage der Gerechtigkeit

Seit einigen Jahren wird immer deutlicher, dass die Klimakrise eine Frage der globalen und der Generationengerechtigkeit ist. Die Folgen der Klimakrise treffen vor allem jene am stärksten, die am wenigsten dazu beitragen: die Menschen im Globalen Süden und die nächste Generation. Die Klimakrise verstärkt soziale Ungleichheiten darum an vielen Orten der Welt.

Aber was bedeutet Klimagerechtigkeit überhaupt? Der Begriff verweist darauf, dass wir gemeinsam eine große Verantwortung für den Klimaschutz tragen. Die Verursachenden, die jahrzehntelang von der Ausbeutung der Natur profitiert haben, müssen ihrer Verpflichtung nachkommen, Schäden wiedergutzumachen und neue Schäden zu verhindern, und zwar weltweit. Mit den Verursachenden sind wir gemeint: Wir Menschen in den reichen Industrieländern, die seit vielen Jahrzehnten mit unserer Lebensweise das Klima belasten. Das gilt nicht nur für die Emissionen, die wir hier in die Luft blasen. Überall auf der Welt werden

Prima-Klima-Übung

Die Weisheit „Wir haben die Erde nicht von unseren Vorfahren geerbt, sondern von unseren Kindern geliehen" macht deutlich, wie kostbar unsere Erde ist. Auch junge Kinder begreifen, dass wir mit Dingen, die uns nicht gehören, vorsichtig umgehen müssen. Haben die Mädchen und Jungen schon mal etwas geliehen? Wie gehen sie mit dem geliehenen Gegenstand um? Wie sollten wir mit unserem Planeten umgehen? Wie möchten die Kinder den Planeten von uns „zurückbekommen"?

Ressourcen abgebaut, Produkte hergestellt und Waren über eine lange Strecke zu uns transportiert. Sogar unseren Müll entsorgen wir in anderen Ländern. Um diese Zusammenhänge zu begreifen, ist die (virtuelle) Reise an die Orte, wo unsere Lebensmittel und andere Dinge unseres Alltags herkommen, spannend und lehrreich – nicht nur für Kinder, sondern auch für deren Familien und pädagogische Fachkräfte.
Die Klimakrise verletzt auch Kinderrechte. Schon heute ist fast die Hälfte der Kinder durch die Temperaturveränderung und ihre Folgen sehr stark gefährdet. „Diese Kinder leben in Ländern, in denen sie gleich mehreren klima- und umweltbedingten Gefahren, Schocks und Belastungen ausgesetzt sind und in denen die Grundversorgung in den Bereichen Wasser und Sanitär, Gesundheit und Bildung nur unzureichend ist" (Deutsches Komitee für Unicef 2022). Doch die Klimakrise kennt keine nationalen Grenzen und wird auch das Leben in Europa verändern. Höchste Zeit, aktiv zu werden!

Welterschöpfungstag

Dass wir aktuell auf Kosten der nächsten Generation leben, zeigt sehr eindrücklich der alljährliche „Earth Overshoot Day", der „Welterschöpfungstag". An diesem Tag hat die Menschheit alle natürlichen Ressourcen der Erde aufgebraucht, die sie in einem Jahr regenerieren kann. Lag der Globale Welterschöpfungstag 1970 noch am 29. Dezember, fiel er 2021 auf den 29. Juli (vgl. WWF Deutschland 2021).

1.3 Gelingensgeschichten statt Katastrophenpädagogik

Junge Menschen gehen mit „Fridays für Future" auf die Straße und investieren viel Zeit und Energie, um auf politischer Ebene wirksame Entscheidungen einzufordern. Sie haben sogar die Regierung auf unzureichende Maßnahmen zum Klimaschutz verklagt und recht bekommen. All das tun sie, weil sie Angst um ihre Zukunft haben. Die Shell Jugendstudie macht deutlich, dass die Klimakrise und Umweltverschmutzung die junge Generation bewegt (vgl. Shell Deutschland 2019). Dennoch blickt mehr als die Hälfte der Jugendlichen zuversichtlich in die Zukunft. Diese Zuversicht brauchen wir. Und wir müssen sie gemeinsam nutzen, um ins Handeln zu kommen.
Die Kita ist ein Ort, der nicht unberührt bleibt von gesellschaftspolitischen Fragestellungen. Schon Kleinkinder sind mit den Auswirkungen der Klimakrise auf Menschen und Tiere konfrontiert. Doch Bilder und das Wissen um Waldbrände oder Flutkata-

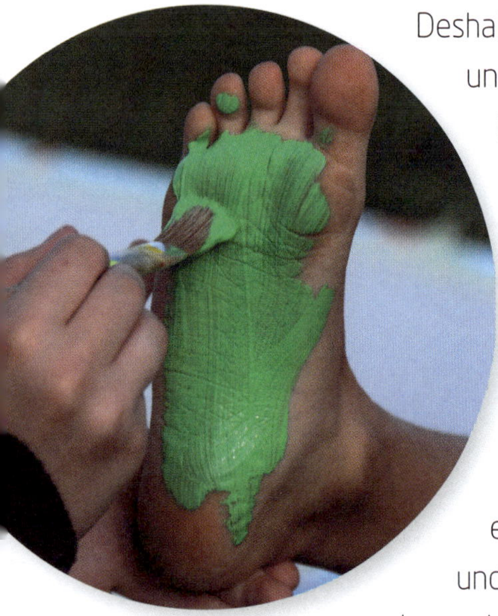

strophen können bei ihnen Ängste und ein Gefühl von Ohnmacht auslösen. Deshalb ist es wichtig, diese Themen in der Kita auf altersgerechte Art und Weise aufzugreifen. Die Auseinandersetzung mit Klimathemen im pädagogischen Alltag kommt einem Balanceakt gleich: „Eine zeitgemäße Kindergartenpädagogik respektiert selbstverständlich den geschützten Raum der Kindheit – ohne dabei den Bezug zur näheren und ferneren Lebenswelt zu verlieren. Das markiert einen Balanceakt, der gerade die Bildung für nachhaltige Entwicklung im Elementarbereich betrifft. Wir dürfen die Kinder nicht mit den von Erwachsenen verantworteten Problemen nicht-nachhaltiger Entwicklungen, den erzeugten Gefahren, Risiken und Unsicherheiten überfrachten, und müssen dennoch in angemessener Form auf das Leben in der immer komplexer werdenden Gesellschaft vorbereiten" (Haan 2008).

In der Arbeit mit Kita-Kindern verbietet sich deshalb jegliche Art von „Katastrophenpädagogik". Klimabildung ist handlungsorientiert und gelingt am besten, wenn pädagogische Fachkräfte sie mit positiven Erlebnissen verbinden. Ein positiver Einstieg gelingt z. B. mit Gelingensgeschichten (siehe S. 11). Sie richten den Blick auf die Vorteile eines klimabewussten Handelns: mehr Gesundheit durch Bewegung und eine gute Ernährung; eine sichere, lebenswerte Umwelt durch den Erhalt der natürlichen Lebensräume; eine gerechte und friedliche Gesellschaft.

Indem Fachkräfte Klimathemen an die alltäglichen Erfahrungen und Fragen der Kinder anknüpfen und mit weltweiten Zusammenhängen verknüpfen, zeigen sie Handlungsoptionen auf. Sie

Prima-Klima-Übung

Gelingensgeschichten machen Mut, die Welt zu verändern. Schreiben und malen Sie mit den Kindern ihre eigene Gelingensgeschichte: Wie sieht für die Kinder und Sie eine klimagerechte Welt aus?

Die Geschichte vom Kolibri ...

Vor langer, langer Zeit, als die Erde noch jung war und die Märchen noch wahr waren, lag am Ufer eines breiten Flusses ein wunderbarer Wald mit immergrünen Baumriesen. In diesem Wald lebten viele Tiere: große Raubkatzen wie der mächtige Jaguar, kreischende Affen, große und kleine Schlangen, bunte Vögel und viele andere.

Eines Tages brach im Wald ein gewaltiges Feuer aus, das alles zu vernichten drohte. Die Tiere hatten Angst. Sie fürchteten, dass ihre Wohnungen und Nistplätze zerstört werden könnten, und waren vor Verzweiflung wie gelähmt.

Nur ein kleiner Kolibri, der kleinste von allen Vögeln, ließ den Kopf nicht hängen. Er flog zum nächsten Fluss, holte einen Schnabel voll Wasser und ließ diesen kleinen Wassertropfen auf den brennenden Wald fallen. Das tat er immer wieder. All die anderen Tiere, die viel größer waren als er, standen hilflos vor der Feuerwand und rührten sich nicht und sahen zu, wie der Kolibri den Inhalt seines winzigen Schnabels auf das Feuer goss. Sie sagten zum Kolibri: „Was willst du kleiner Vogel schon gegen diesen großen Brand ausrichten? Das Feuer ist zu groß!"

Der kleine Kolibri erklärte, ohne viel Zeit zu verlieren: „Ich weiß das, aber ich tue, was ich kann, ich leiste meinen Teil", und flog wieder zum Wasserholen.

Überlegen sie gemeinsam mit den Kindern, wie die Geschichte weitergehen kann. Wie könnten die anderen Tiere reagieren?

Die Geschichte vom Kolibri ist als Teil des Büchleins „Ein Korb voller Früchte" zu betrachten, das eine konzeptuelle Überlegung und Erfahrung von Odile Néri-Kaiser und Annette Hartmann vom Verein „Ars Narrandi e.V. – Wenn Worte wandern ..." darlegt. Darin wird erläutert, wie Geschichten aus der Tradition vieler Völker eine ethische Haltung unterstützen, die auf einer nachhaltigen Entwicklung basiert und sich an die unterschiedlichsten Bevölkerungsgruppen – unter anderem auch Kinder – richtet.

schaffen Lernräume, die kritisches Denken, Mitgefühl, Offenheit und Kreativität fördern. Dadurch werden die Kinder aufmerksam. Sie kommen erst ins Staunen, dann ins Handeln und erfahren schließlich Selbstwirksamkeit.

1.4 Zukunftskompetenzen stärken

Es ist unsere Aufgabe als Pädagoginnen und Pädagogen, die nächsten Generationen auf die Zukunft vorzubereiten. Aber wie wird diese Zukunft aussehen? Welche Fähigkeiten werden die Mädchen und Jungen brauchen? Welche Kompetenzen brauchen wir selbst für eine Pädagogik, die Kinder auf das Leben in dieser immer komplexer werdenden Welt vorbereitet? Nur starke Kinder können sich gemeinsam für die Zukunft starkmachen:

- **Natur erleben:** Das gemeinsame Spielen und Erleben in und mit der Natur unterstützt die Kinder darin, Naturwissen zu erlangen, eine Verbindung zu unserer Umwelt aufzubauen und Zusammenhänge zu erkennen.
- **Werte vermitteln:** Zentrale Werte wie Achtsamkeit, Dankbarkeit, Solidarität und Kreativität sowie ein Verantwortungsbewusstsein für die Natur und unsere Welt sind die Grundlage, um unsere Zukunft positiv zu gestalten. Denn alles, was wir tun, hat Auswirkungen auf unsere Welt.
- **Sinnenreiche Lern- und Erfahrungsräume schaffen:** Regen Sie die Kinder dazu an, selbst fantasievolle Ideen und kreative Visionen für eine lebenswerte Zukunft auf unserem blauen Planeten zu entwickeln. Öffnen Sie Lern- und Erfahrungsräume, um diese Ideen auch auszuprobieren. Kinder sind von Natur aus überzeugte Forscher und Weltentdeckerinnen. Sie wollen die Welt mit allen Sinnen begreifen, setzen sich gerne ein und haben ein gutes Gespür für Gerechtigkeit.
- **Gestaltkompetenzen fördern:** Partizipation, vernetztes und vorausschauendes Denken und Teamfähigkeit helfen den Kindern, die Zukunft zu gestalten. Trainieren Sie diese Kompetenzen z. B. bei Kinderkonferenzen oder im Gespräch mit dem Bürgermeister oder der Gemeinderätin, aber

auch bei kooperativen Spielen. So üben Kinder ein, mitzudenken, mitzureden, mitzubestimmen und mitzugestalten.
- **Vorbild:** Kinder lernen am Vorbild – auch an Ihrem!

Um die Zukunft positiv zu gestalten, braucht es eine gemeinsame Anstrengung. Die Kita ist ein gemeinsamer Lern- und Gestaltungsort – eine lernende Umgebung für Kinder, pädagogische Fachkräfte, für die Eltern, Träger und andere Akteure und Akteurinnen wie Kommune, Kirche, Gemeinwesen. Nehmen Sie deshalb nicht nur die Kinder, sondern alle mit auf die Reise in eine lebenswerte Zukunft.

1.5 Aller Anfang macht Spaß!

Wollen wir etwas bewegen, müssen wir alle ins Handeln kommen. Doch wo fangen wir an? Indem wir Denk- und Handlungsmuster hinterfragen, alte Gewohnheiten und die eigene Bequemlichkeit durchbrechen. Woher kommt unser Essen, woher kommen die Spielsachen, woher kommt der Strom? Aus welchen Materialien bestehen die Dinge, die uns umgeben? Wer hat sie hergestellt und unter welchen Arbeitsbedingungen? Wie kommen die Dinge zu uns? Wo landen sie, wenn wir sie nicht mehr brauchen? Die pädagogischen Möglichkeiten, sich im Kita-Alltag gemeinsam dem Thema Klima zu nähern, sind so zahlreich wie die Vielfalt unserer Erde:
- Philosophieren Sie mit den Kindern
- Gestalten Sie eine Ausstellung zum Thema Plastik
- Entwickeln Sie gemeinsam ein Prima-Klima-Theaterstück
- Legen Sie einen Kräutergarten an
- Machen Sie ein regelmäßiges Klimafrühstück
- Bauen Sie ein Hotel für Wildbienen
- Organisieren Sie ein Prima-Klima-Kita-Fest mit spannenden Stationen

Dabei sollte das Team immer zwei unterschiedliche Ebenen im Blick haben: die individuelle, praktische Ebene und die politische Ebene (siehe Prima-Klima-Übung, S. 14). Sie werden schnell merken, dass Klimaschutz vor allem Spaß macht! Je mehr Akteure und Akteurinnen Sie mit ins Boot holen, desto mehr können Sie erreichen. Besonders

die Arbeit mit den Familien ist zentral. Durch eine offene Kommunikation im Kita-Alltag, Informationen am Elternabend, im Elternbrief oder an der Infowand, aber auch gemeinsame Aktionen und Feste nehmen Sie als klimafreundliche Kita Fahrt auf. Suchen Sie zusätzlich in der Elternschaft nach Experten und Expertinnen für bestimmte Themen rund um den Klimaschutz und fragen Sie nach einer möglichen Zusammenarbeit.

Prima-Klima-Übung

Sammeln Sie im Team Ideen, um die Klimakrise abzumildern:

- Welchen Beitrag können wir durch unser individuelles Handeln leisten, damit wir das 1,5-Grad-Ziel erreichen (Klimafrühstück, Tauschregal, bewusster Umgang mit Energie, Ernährung umstellen …)?
- Wo bestehen wirksame Handlungsspielräume für uns als Einrichtung (Team, Eltern, Kinder), damit sich auch auf politischer Ebene etwas ändert (öffentlichkeitswirksame Aktionen, Schaukästen, Petitionen an Träger, Kommunalpolitik etc.)?

2. Bildung für nachhaltige Entwicklung und Globales Lernen

Die Kita ist meist der erste Bildungsort außerhalb der Familie. Pädagogische Fachkräfte legen deshalb hier den Grundstein für zukunftsfähiges Denken und Handeln. Ihnen kommt die Aufgabe zu, die Kinder auf ihrem Weg zu nachhaltigem und verantwortungsbewusstem Denken und Handeln zu begleiten. Konzepte wie Bildung für nachhaltige Entwicklung (BNE) und Globales Lernen können dem Kita-Team helfen, das in der Praxis umzusetzen. Denn wenn Kinder ihren Alltag mitgestalten und erleben, dass ihr Handeln Auswirkungen auf andere Menschen und ihre Umgebung hat, macht sie das stark und selbstbewusst. Um den Lernprozess der Kinder, aber auch den eigenen Lernprozess im Blick zu behalten, geben die folgenden Zieldimensionen der BNE Orientierung: „Wertebildung, Erkennen und Verstehen, Reflektieren und Bewerten, Handeln, Motivation" (Stiftung Haus der kleinen Forscher 2018, S. 10).

Kinder sind neugierig. Sie wollen die Welt erforschen, Zusammenhänge verstehen und begreifen, ihren Platz in einer Gruppe finden und mitbestimmen. Und sie haben ein Recht darauf, diese Welt mitzugestalten. Beim Globalen Lernen erleben die Mädchen und Jungen spielerisch, dass sie selbst ein Teil dieser Welt sind und Einfluss nehmen können. Globales Lernen ist darum kein Lernen *über* die Welt, sondern ein aktives, handlungsorientiertes Lernen *in* der Welt. Wie gelingt es, Kinder anzuregen, die Welt mit den Augen anderer zu betrachten und unterschiedliche Perspektiven kennenzulernen? Sicher nicht, indem Erwachsene mit erhobenem Zeigefinger Missstände anpran-

gern. Es geht darum, Lernen zu ermöglichen. BNE und Globales Lernen sind darum ein offenes Angebot, sich kritisch mit unserem Handeln und Lebensstil auseinanderzusetzen und Veränderungen anzustoßen – auf spielerische, altersgerechte und kreative Art und Weise.

2.1 Eine Frage der Haltung – Werte für die Zukunft

Weltbewusstes, nachhaltiges Handeln und globale Verantwortung sind eine Werthaltung, die ein würdevolles Leben für alle ermöglicht, jetzt und in Zukunft. Doch Werte entwickeln sich nicht durch das Lesen von Büchern oder die theoretische Auseinandersetzung. Werte bilden sich im Tun und durch die Begegnung mit anderen Menschen, Kulturen und der Natur.
Achtsamkeit, Dankbarkeit, Demut, Demokratie, Frieden, Kreativität, Respekt, Solidarität, Verantwortung, Vielfalt u. v. m. – wie können wir diese Werte leben? Eltern und pädagogische Fachkräfte in der Kita legen als Vorbilder die Grundlagen für ein gerechtes, zukunftsfähiges und friedliches Zusammenleben der nächsten Generation(en). Als Lernbegleiter und -begleiterinnen können sie Kinder dabei unterstützen, globale Zusammenhänge wahrzunehmen, ihre eigenen Schlüsse daraus zu ziehen und eigene Standpunkte zu entwickeln. Kinder und Erwachsene erleben und entwickeln gemeinsam Werte, wenn sie im Tun voneinander und miteinander lernen – die Kleinen von den Großen und die Großen von den Kleinen.

Prima-Klima-Übung

Der Planet Erde fühlt sich krank. Welche Diagnose stellen Sie als Weltarzt oder Weltärztin der Patientin? Bei dieser Übung, die im Team, mit den Kindern oder den Eltern gelingt, ist die Antwort mit Blick aufs Klima oft schnell gefunden. Die Erde hat Fieber! Aber wie sieht die passende Therapie aus? Wie können wir den Ausstoß von CO_2 reduzieren? Viele unterschiedliche Maßnahmen können zusammenwirken und der Patientin beim Gesundwerden helfen.

2.2 Fünf Strategien für eine lebenswerte Zukunft

„Besser – anders – weniger – gerechter – dauerhaft bleibend“ (vgl. Stiftung Haus der kleinen Forscher 2018, S. 20) sind wichtige Strategien für eine nachhaltige Entwicklung. Wie sehen sie mit Blick auf den Klimaschutz aus?

- **Besser (Effizienzstrategie):** Ressourcen wie Energieträger oder Wasser sollen effizienter genutzt werden, damit der Stoff- und Energieverbrauch verringert wird.
- **Anders (Konsistenzstrategie):** Ressourcen sollten nur in der Menge und Geschwindigkeit genutzt werden, in der die Natur sie wiederherstellt und die Umwelt nicht ausgebeutet wird.
- **Weniger (Suffizienzstrategie):** Umweltbelastende Praktiken werden eingeschränkt oder durch umweltschonende ersetzt.
- **Gerecht (Gerechtigkeitsstrategie):** Alle Menschen werden an der Gestaltung ihres eigenen und des gesellschaftlichen Lebens beteiligt. Der Zugang zu den Ressourcen wird gerecht verteilt.
- **Dauerhaft bleibend (Permanenzstrategie):** Wir greifen auf Aktivitäten und Produkte zurück, die langfristig und dauerhaft positiv auf den Erhalt unseres Planeten Erde wirken.

Im Kita-Alltag lassen sich die fünf Strategien für einen nachhaltigen und gerechten Umgang mit Ressourcen ganz praktisch erfahrbar machen. Ansatzpunkte dafür gibt es viele: von unserem Umgang mit Energie und den endlichen Ressourcen dieser Welt über Ernährung, Konsum und Abfall bis zur Mobilität. Nehmen Sie die Strategien im Team nacheinander unter die Lupe. Welche Ideen haben die Familien und Kinder dazu und wie lassen sie sich umsetzen?

Unsere Ideen fürs prima Klima

Besser

- energiesparende Geräte
- Energiesparlampen
- Mehrweg statt Einweg
- weniger Plastik
- langlebiges Spielzeug
- ...

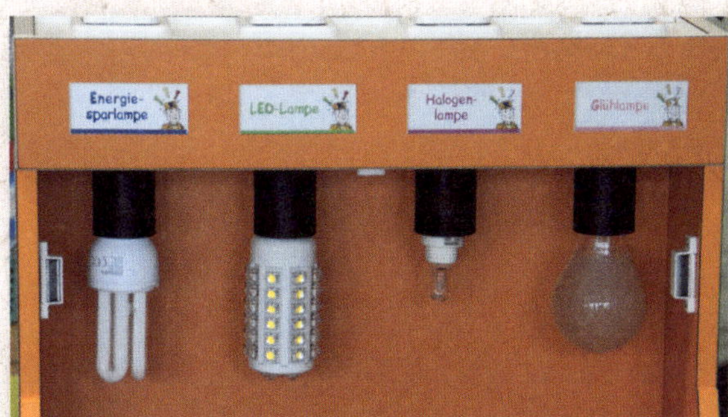

Anders

- saisonales, krummes Gemüse aus der Region
- Ökostrom
- Recyclingpapier
- „Bus auf Beinen“ statt Elterntaxi
- auf Siegel achten (FSC, Fairer Handel, Demeter ...)
- palmölfreie Produkte (Lebensmittel, Hygieneartikel, Kerzen)
- ...

Weniger

- weniger Fleisch (mehr Gemüse, Hülsenfrüchte, Obst und Nüsse)
- Essensreste minimieren
- tauschen, teilen, reparieren statt neu kaufen
- Papier doppelt beschriften
- weniger Energieverschwendung (Dämmung, Licht ausschalten, stoßlüften)
- ...

Gerecht

- Auf Zeichen des Fairen Handels achten
- Kooperation mit dem Weltladen
- kleinere und mittlere Betriebe aus der Region kennenlernen (Bio-Bäcker, Schreiner, Bauernmarkt)
- ...

Dauerhaft bleibend

- zu recycelbaren Materialien und Produkten greifen
- Obstbäume, Hochbeete, Naschgarten pflanzen
- Kompost anlegen
- Müll trennen
- Tauschregal einrichten
- ...

2.3 Nachhaltigkeitsviereck für eine ganzheitliche Klimabildung

Das „Nachhaltigkeitsviereck" nach Prof. Ute Stoltenberg beschreibt vier Dimensionen der Nachhaltigkeit: Ökologie – Ökonomie – Soziales – Kultur. Es eignet sich sehr für die Bildungsarbeit, da Fachkräfte sowohl das Thema Klima als auch einzelne Aspekte davon ganzheitlich in den Blick nehmen können. Indem die verschiedenen Dimensionen beleuchtet werden, zeigen sich unterschiedliche Blickwinkel und Zugänge. So werden sowohl Zusammenhänge als auch Konfliktfelder sichtbar. Neben dem großen Thema „Klima" (siehe Abbildung, S. 20) können Fachkräfte dieses Modell auch für ein kreatives Brainstorming zu einzelnen Projektthemen nutzen. Dafür setzen sie z. B. den Begriff „Klimafrühstück", „Regenwald", „Papier" oder „Spielzeug" in die Mitte und füllen dann gemeinsam die Felder des Nachhaltigkeitsvierecks aus.

2.4 Agenda 2030 und 17 Ziele für eine bessere Welt

Unter dem Titel „Transformation unserer Welt" haben die Vereinten Nationen im September 2015 die Agenda 2030 verabschiedet. Sie hat das Ziel, bis 2030 eine friedliche und gerechte Welt ohne Armut und Hunger zu schaffen. Eine Welt, in der die Menschen in einer intakten Natur, gesund und in Wohlstand leben und nachhaltig wirtschaften. Die Präambel der Agenda 2030 benennt 5 Kernbotschaften, die als handlungsleitende Prinzipien für nachhaltige Entwicklung dienen. Die „5 Ps" lauten:

- **People:** Die Würde des Menschen steht im Mittelpunkt. Eine Welt ohne Armut und Hunger ist möglich.
- **Planet:** Unser Planet braucht Schutz. Wir wollen die Klimakrise begrenzen, natürliche Lebensgrundlagen bewahren.
- **Prosperity:** Wir wollen Wohlstand für alle. Globalisierung muss gerecht und fair gestaltet werden.
- **Peace:** Wir wollen eine friedliche Welt, in der die Menschenrechte geachtet werden und die Politik gerecht gestaltet ist.
- **Partnership:** Wir wollen globale Partnerschaften aufbauen.

Das Herzstück der Agenda bildet ein ehrgeiziger Katalog mit 17 Zielen für eine nachhaltige Entwicklung. Auch wenn Widersprüche zwischen einzelnen Zielen ihre konkrete Umsetzung zum Teil schwer macht, haben sich fast alle Länder dieser Welt zusammengeschlossen, um diese unfassbar große Aufgabe bis spätestens 2030 anzupacken.

Nachhaltigkeitsviereck nach Prof. Dr. Ute Stoltenberg

Umwelt

Ökologische Dimension

Natürliche Ressourcen schonen, Klima und Umwelt schützen, Biodiversität erhalten

- erneuerbare Energiequellen
- klimafreundliche Mobilität & Transport
- weniger Verpackung & Plastik
- regionale und saisonale Produktion
- Schutz der Wälder weltweit
- Schutz der Ozeane
- Lebensräume/Tiere schützen
- usw.

Wirtschaft

Ökonomische Dimension

Produktions- und Lieferketten, Abfall und Emissionen, Berufe

- Energiequellen (erneuerbar, fossil, atomar)
- sparsamer Umgang mit Energie und Ressourcen (Papier ...)
- Ernährung/Tierhaltung/Anbaumethoden
- Industrie & Produktion: Rohstoffe, Verarbeitung, Transport, Abfälle, Recycling
- Berufe & Innovationen
- Folgekosten der Klimakrise (Brände, Hochwasser, Trockenheit, Gesundheit)
- usw.

KLIMA

Soziales

Soziale Dimension

Gerechtigkeit, Gesundheit, Gemeinwohl, Partizipation

- Klimagerechtigkeit – Folgen für Indigene und Menschen im Globalen Süden – Folgen für die nächste Generation
- Können alle gut leben? Lokal und Global, heute und morgen?
- Umgang mit Dingen (teilen, tauschen, reparieren)
- gesundheitliche Folgen der Klimakrise
- soziale Folgen der Klimakrise
- usw.

Kultur

Kulturelle Dimension

Lokal und global, heute und früher

- Lebensstile (Minimalismus versus Luxus und Verschwendung)
- Umgang mit Energie weltweit (Kochen, Licht, Heizen)
- Umgang mit Energie früher und heute
- Dinge wertschätzen – nicht verschwenden
- Kultur des Genug
- Überlieferungen, Märchen und Geschichten
- usw.

Vgl. Ministerium für Soziales, Gesundheit, Jugend, Familie und Senioren des Landes Schleswig-Holstein (2019)

Quelle: Engagement Global, www.17ziele.de

Um das Team, Träger, Familien und nicht zuletzt die Kinder für diese Aufgabe zu begeistern, müssen wir die 17 Ziele aus dem Elfenbeinturm holen und sie bekannt machen. Explizit steht zwar nur das Ziel 13 für Maßnahmen zum Klimaschutz. Aber auch die anderen Ziele haben eine direkte oder indirekte Verbindung zum Klimaschutz.
Da die 17 Nachhaltigkeitsziele bunt und ansprechend gestaltet sind, können sie mit Leichtigkeit als Wegweiser für eine lebenswerte, gerechte und friedliche Zukunft in der Kita eingesetzt werden. Sowohl die „5 Ps" als auch die „17 Ziele" eignen sich für einen Einstieg oder Impuls zum Thema Klimaschutz im Team und in der Elternarbeit.

Prima-Klima-Übung

Welchen Bezug haben die „5 Ps" (oder die „17 Ziele") zum Thema Klimaschutz?
Sammeln Sie Ideen, wie z. B.:

- **People:** Lebensräume schützen, Ernährung sichern
- **Planet:** Klima und Ökosysteme stabilisieren sich
- **Prosperity:** Alle Menschen habe ein gutes Leben dort, wo sie leben wollen
- **Peace:** Wasser und Lebensmittel reichen für alle
- **Partnership:** Wir unterstützen uns gegenseitig in der Klimakrise

Welche Schritte können wir gemeinsam tun, um diese Punkte zu erreichen?

3. Wetter und Klima – alles prima?

Wir Menschen kennen und erleben Wetter und Klima auf vielfältige Weise in unserem Alltag – auch in der Kita. Das Wetter begegnet uns als spannendes Naturphänomen, das es mit allen Sinnen und Forschergeist zu entdecken gilt. Das Klima ist schwieriger zu begreifen. Es begegnet uns als komplexes Thema mit Wortungetümen wie „Treibhauseffekt", „Kohlenstoffdioxid" oder „Klimaneutralität". Damit einher gehen dann oft bedrohliche Bilder von Naturkatastrophen wie Stürmen, Fluten, Dürren und brennenden Wäldern. Das Wetter bietet deshalb einen guten Ausgangspunkt, um sich dem komplexen Thema Klima zu nähern. Erkunden Fachkräfte mit den Kindern erst das Wetter und dann das Klima in den unterschiedlichen Erscheinungsformen, lernen sie die Bedeutung für unsere Welt kennen. Sie bekommen erste Einblicke in die Zusammenhänge zwischen Wetter und Klimakrise, die Veränderungen von Lebensräumen und die Auswirkungen auf das Leben von Pflanzen, Tieren und Menschen. Aber wo liegt nun eigentlich der Unterschied zwischen Wetter und Klima?

3.1 Wie unterscheiden sich Wetter und Klima?

Das Wetter können wir aktiv mit allen Sinnen erleben: Wenn wir aus dem Fenster blicken, sehen wir die Sonne, den Regen oder Schnee, den Wind und die Wolken. Wir spüren die Hitze im Sommer oder die Kälte im Winter oder feuchten Nebel. Wir hören das Prasseln vom Regen, den Wind oder das Donnergrollen. Manche Menschen können das Wetter sogar riechen ... Temperatur, Niederschlag, Luftfeuchtigkeit, Windgeschwindigkeit und -richtung zählen zu den Wettererscheinungen, die wir für einen vergleichsweise kurzen Zeitraum und nur an einem bestimmten Ort bzw. in

einer bestimmten Region beobachten können. Das Wetter verändert sich also ständig – am Tag und in der Nacht, durch die Jahreszeiten und abhängig vom Ort.
Beim Klima erkennen wir im Gegensatz zum Wetter nur schwer, ob es sich wandelt. Denn das Klima ist träge und verändert sich sehr langsam. Der Begriff „Klima" fasst die Wettererscheinungen über einen sehr langen Zeitraum (meist mindestens 30 Jahre) an einem Ort, in einer großen Region oder auf dem gesamten Globus zusammen. Um es zu berechnen, sammeln Forschende alle wichtigen Daten wie die Temperatur von Luft und Wasser, Windstärke und Regenmenge. Anschließend werten sie diese Wetterdaten aus. Da diese Daten seit rund 150 Jahren aufgezeichnet werden, weiß man heute, dass sich das Klima in rasanter Geschwindigkeit verändert.

3.2 Wetterwissen und Wetteraktionen

Früher dachten die Menschen, dass die Götter für das Wetter verantwortlich sind. In Griechenland galt Göttervater Zeus als Wettergott. War er verärgert, gab es schlechtes Wetter. Wenn er gute Laune hatte, lachte die Sonne. Ein paar Kita-Kinder kennen vielleicht auch den germanischen Gott Thor, der Blitze und Donner vom Himmel regnen lassen kann. Später beobachteten die Menschen den Himmel, die Wolken, den Wind und das Wasser, um das Wetter vorherzusagen. Zum Beispiel gibt die Wolkenform am Himmel oft Auskunft darüber, ob es bald regnen wird. Auch ist Abendrot in Mitteleuropa ein Zeichen dafür, dass am nächsten Tag wahrscheinlich die Sonne scheinen wird. Diese einfachen Wettervorhersagen stimmen zwar nicht immer, aber bieten eine gute Orientierung. Besonders die Landwirtschaft profitierte in der Vergangenheit von diesen einfachen Regeln, die sich in Reimform als sogenannte Bauernregeln besonders gut merken lassen (siehe Surftipp, S. 24).
Heute wird das Wetter mithilfe von verschiedenen Messinstrumenten vorhergesagt, die an allen möglichen Orten der Erde stehen. Auch Satellitenbilder, Radarmessungen und Wetterflugzeuge liefern Wetterdaten. Dadurch können Meteorologen und Meteorologinnen, also die Wetterprofis, genaue Vorhersagen treffen. In unserer Zeit genügt deshalb meist ein Blick auf eine App, wenn wir wissen möchten, wie das Wetter wird. Aber um das Zusammenspiel von Wetter, Pflanzen und Tieren zu verstehen, lohnt es sich, wie früher die Zeichen der Natur lesen zu können.

Surf dich klimaschlau!

„Tummeln abends sich die Meisen am Futterhaus, bleibt ... nicht aus!“ Im Geolino-Kinderquiz zu Bauernregeln können Mädchen und Jungen ihr Wissen über die alten Weisheiten der Wetterphänomene testen: **www.geo.de/geolino**/quiz-ecke/13939-quiz-quiz-kennt-ihr-die-bauernregeln

Pflanzen und Tiere als Wetterpropheten

Manche Tiere und Pflanzen reagieren sehr sensibel auf das Wetter und zeigen uns durch ihr Verhalten bevorstehende Wetterveränderungen. Beobachten Sie mit den Kindern die Wetteranzeiger in der Natur.

Entdecken Sie auf einem Wiesen- und Waldspaziergang diese wetterfühligen Pflanzen:

- Gänseblümchen, Löwenzahn, Ringelblumen und Vogelmiere schließen ihre Blütenblätter, wenn sich Regen ankündigt. Sie wollen so ihre Blüten schützen. Auch die Sonnenblume öffnet ihre Blüten nur bei Sonnenschein.
- Die Silberdistel wird auch Wetterdistel genannt, weil sie eine besonders zuverlässige Wetterprophetin ist. Wenn sie ihre Blüten schließt, ist mit Regen zu rechnen.
- Einige Arten des Sauerklees falten ihre Blätter bei Nacht und Trockenheit wie einen Regenschirm nach unten.
- Der Frauenmantel kann „schwitzen“. Nach Nächten mit hoher Luftfeuchtigkeit bilden sich kleine Wassertropfen am Stängel und auf den Blättern.
- Birken, Linden und Waldmeister verströmen einen besonderen Duft, wenn das Wetter umschlägt.

Machen Sie sich auf die Suche nach Wetterfröschen und anderen tierischen Wetterzeichen:

- Wenn die Kreuzspinne fleißig ihr neues Netz webt und darin mittig auf Beute wartet, bleibt das Wetter trocken. Wenn sie aber untätig unter einem Blatt sitzt und das kaputte Netz nicht repariert, kommt wahrscheinlich bald Regen.
- Schwalben und Mauersegler fliegen tief, wenn Regen kommt. Weil der Luftdruck die Mücken herunterdrückt, fliegen sie dort ihrem Futter nach.
- Bei schlechtem Wetter bleibt der Laubfrosch eher in Bodennähe, bei Sonne klettert er in die Höhe, um die Mücken zu erwischen.
- Hahn und Huhn setzen sich auf den Misthaufen, wenn baldiger Regen die Regenwürmer nach oben lockt.
- Wenn ein Unwetter droht, verschließen die Ameisen die Eingänge vom Ameisenhaufen, um die Brut zu schützen.
- Katzen putzen sich bei schönem Wetter besonders ausgiebig. Da sich ihre Haare bei trockener Luft elektrostatisch aufladen, versuchen sie dieses unangenehme Gefühl wegzuputzen.

Prima-Klima-Fragen

- Wie ist das Wetter heute?
- Welche besonderen Wetterphänomene kennst du?
- Welches Wetter magst du besonders gerne?
- Wie ist das Wetter im Sommer, wie im Winter? Und wie musst du dich dann anziehen?
- Was wäre, wenn wir Menschen das Wetter machen könnten?
- Ist das Wetter überall auf der Erde gleich? (Zeigen und vergleichen Sie die unterschiedlichen Klimazonen, siehe S. 87 ff.

Wetterberufe

Nicht nur Meteorologen und Meteorologinnen kennen sich gut mit dem Wetter aus. Auch viele andere Berufe müssen das Wetter genau im Blick haben. Welche fallen den Kindern ein: Landwirte, Gärtnerinnen, Fischer, Försterinnen, Bergführer, Pilotinnen, Ballonfahrer, Skilehrerinnen, Bürgermeister, Bademeisterinnen ...?
Wann und warum beobachten diese Berufsgruppen das Wetter? Was bedeutet es für sie, wenn das Wasser knapp wird, wenn es immer wärmer wird und mehr Stürme wüten? Nach den ersten Ideen holen wir uns Wetterprofis in die Kita. Möchten Eltern von ihrem Beruf berichten und erzählen, welche Rolle das Wetter dafür spielt? Bestimmt freut sich auch ein Bauernhof in der Nähe über den Besuch der Kinder. Bei dieser Gelegenheit können die Mädchen und Jungen ein paar Bauernregeln kennenlernen. Mit Blick auf das Klima: Wie wirkt sich die Klimakrise für diese Berufsgruppen aus?

Wettermassage

In dieser Paarübung bildet ein Kind das Wetter auf dem Rücken eines anderen Kindes vorsichtig (!) ab.

- **Regen:** Handflächen klopfen auf den Rücken
- **Sonne:** große kreisende Bewegungen mit der ganzen Hand
- **Donner:** Fäuste trommeln vorsichtig
- **Blitz:** schnelle Zickzack-Linien mit dem Finger
- **Wind:** über den Rücken pusten
- **Sturm:** über den Rücken pusten und dabei mit beiden Händen sanft an den Schultern rütteln
- **Hagel:** mit dem Fingerknöchel klopfen
- **Schnee:** Fingerkuppen berühren den Rücken federleicht

Regenmusik

Die Kinder imitieren mit ihrem Körper und verschiedenen Instrumenten Regengeräusche. Trommeln, Rasseln und Regenstäbe eignen sich genauso wie Küchensiebe oder Töpfe. Auch Naturmaterialien wie Nüsse, Eicheln, Kastanien und Laubblätter prasseln in Gefäßen wie Regen. Aus einer längeren Papprolle lässt sich außerdem leicht ein Regenmacher herstellen. Dazu wird sie einfach mit Reis oder Hülsenfrüchten gefüllt und an den Enden zugeklebt. Noch interessanter klingt das Instrument, wenn Nägel spiralförmig von außen in die Rolle gesteckt werden.

Wettertagebuch

Die Mädchen und Jungen werden selbst zu Wetterfröschen, wenn sie täglich das Wetter beobachten – ein Blick aus dem Fenster genügt! Gestalten Sie mit den Kindern ein Wettertagebuch, in dem sie die Wetterbeobachtungen gemeinsam, z. B. mit Symbolkarten (Wolke, Sonne, Regenwolke, Blitz, Schnee), dokumentieren. Sie können den täglichen Wetterbericht auch direkt in den Morgenkreis integrieren: Wer errät richtig, wie das Wetter morgen wird?

Wolken

Auch Wolken sind Wetterpropheten – ihre Form zeigt uns, welches Wetter kommt. Wie sehen die Wolken heute aus? Wie ein Schaf (Schäfchenwolken), wie ein Schleier (Schleierwolken) oder wie Haarlocken bzw. Federn (Federwolken)? Betrachten Sie mit den Kindern genau die Form und die Bewegung der Wolken, zeichnen Sie Wolkenbilder nach und entdecken Sie mit den Kindern die unterschiedlichen Wolkenarten (siehe Surftipp).

Windspiele

Regentropfen beim Prasseln zuhören, mit Gummistiefeln in Pfützen springen, Schnee auf der Zunge schmelzen lassen – die meisten Wetterphänomene lassen sich mit allen Sinnen erleben. Das gilt auch für den Wind. Wo überall können wir Luft sehen, hören, riechen, spüren? Wer hört, wie die Blätter rascheln, und wer sieht im Winter den eigenen Atem? Sichtbar wird Wind auch in Windspielen. Basteln und bauen Sie mit den Kindern Drachen, Windräder, Fächer und Schwirrhölzer.

Surf dich klimaschlau!

Die wichtigsten Wolkentypen und ihre Funktion kindgerecht im Überblick gibt es bei:

www.klassewasser.de

(Suche: Wetterfroschkurs Lektion 3)

Wasserzauber-Experimente

Ob Regenbogen oder Wolken – spannende Experimente für drinnen und draußen zeigen den Zusammenhang zwischen Wetter und Wasser.

- **Wolkenzauber:** Geben Sie Eiswürfel in eine Metallschale und lassen Sie die Schale kalt werden. Füllen Sie dann ein Gurken- oder Einmachglas mit heißem Wasser bis ca. 5 Zentimeter Höhe. Wenn Sie nun die Metallschale auf das Glas stellen, bildet sich wie von Zauberhand ein Wolkenschleier.
- **Regenzauber:** Bei diesem Küchenexperiment können wir es in der Küche regnen lassen. Bringen Sie dazu in einem großen Topf Wasser zum Kochen und halten Sie mit einem Topflappen einen kalten Metalldeckel oder eine hitzebeständige Glasplatte darüber.
- **Regenbogenzauber:** Legen Sie ein Blatt weißes Papier aufs Fensterbrett und stellen Sie ein mit Wasser gefülltes Glas darauf. Scheint die Sonne durch das Wasserglas, erscheinen auf dem Papier die Regenbogenfarben. Mit einem geschliffenen Kristall können Sie ebenfalls einen Regenbogen einfangen. Draußen kreieren Sie mit den Kindern einen Regenbogen mithilfe eines Gartenschlauchs. Stellen Sie sich so hin, dass Sie die Sonne im Rücken haben, und lassen Sie mit dem Schlauch einen Sprühregen entstehen.

Wetterstation

Richten Sie eine Wetterstation mit Thermometer, Regenmesser und Hygrometer ein. So können Sie täglich die Daten ablesen und einen Wetterkalender erstellen.

- **Barometer:** Ein Barometer zeigt den Luftdruck in der Umgebung an. Hoher Luftdruck kündigt in der Regel schönes Wetter an, ein niedriger Luftdruck Regenwetter. Schneiden Sie von einem Luftballon den Hals ab, ziehen Sie ihn straff über ein größeres Marmeladenglas und spannen Sie ihn mit einem Gummi fest. Danach kleben Sie das Ende eines Strohhalms horizontal in die Mitte der Ballonhaut – als Zeiger,

Schau dich klimaschlau!
Viele spannende Wetterexperimente und kurze Erklärvideos für Kinder finden Sie beim Youtube-Channel Wetterschule:
www.youtube.com/c/Wetterschule

der übersteht. Je höher der Luftdruck, desto stärker drückt er von oben auf den Ballon und drückt den Strohhalm am Rand nach oben. Jetzt fehlt noch die Wetterskala. Zeichnen Sie dazu oben auf einen Karton eine Sonne, unten eine Regenwolke und in die Mitte – genau auf die Höhe des Glases – einen Mittelstrich. Kleben Sie den Karton zum Schluss an ein Holzstück und stellen sie die Skala neben das Glas (siehe Videotipp).

- **Regenmesser:** Die Niederschlagsmenge lässt sich messen, indem Sie das obere Drittel einer großen Plastikflasche mit der Schere abschneiden. Kleben Sie dann die scharfen Kanten mit Klebeband ab. Stecken Sie das abgeschnittene Halsstück verkehrt herum – wie einen Trichter – in den unteren Teil und fixieren Sie es, wenn notwendig, mit Klebeband. Stellen Sie den Regenmesser dann an eine geeignete Stelle oder graben Sie ihn in die Erde ein. Zum Messen wird das Regenwasser nach einem Regentag in einen Messbecher umgefüllt.
- **Hygrometer:** Das Hygrometer misst den Feuchtigkeitsgehalt der Luft. Hängen Sie einen Fichtenzapfen an Ihre Wetterstation oder kleben Sie ihn „stehend" auf ein Holzbrett. Bei trockener Luft sind die Zapfen geöffnet, bei feuchter Luft schließen sie sich.

3.3 Klimawissen und Klimaaktionen

Seit es den Planeten Erde gibt, hat sich das Klima immer wieder verändert – allerdings nur sehr, sehr langsam über einen Zeitraum von Tausenden oder gar Millionen von Jahren. Es gab Zeiten, in denen es viel kälter oder viel wärmer war als heute. Die Pflanzen- und Tierarten hatten jedoch Zeit, um sich langsam anzupassen.
Die aktuelle Klimakrise passiert hingegen sehr schnell. Uns Menschen gelingt, was bisher mutmaßlich nur Meteoriteneinschläge und große Vulkanausbrüche geschafft haben: Wir verändern das Klima der Erde schlagartig und damit auch die Lebensbedingungen auf unserem Planeten. Der von uns Menschen gemachte Treibhauseffekt

heizt dem Planeten ein (siehe S. 36 ff.). In den letzten hundert Jahren ist es auf unserem Planeten im Durchschnitt etwa um 1 °C wärmer geworden. Was bedeutet das für uns Menschen, aber auch für die Tiere und Pflanzen?
Die ersten Auswirkungen bekommen wir weltweit zu spüren: Polkappen und Gletscher schmelzen, der Meeresspiegel steigt, Starkwetterereignisse, Stürme und Flutkatastrophen, Trockenheit und Dürren nehmen zu. Lebensräume verändern sich und immer mehr Arten sterben aus. Auch hierzulande sehen und spüren wir bereits die Folgen von diesen Klimaveränderungen. Wenn der Rhythmus der Natur sich verschiebt und es im Frühjahr z. B. früher warm wird, wirkt sich das auf das gesamte Ökosystem aus. Alles hängt miteinander zusammen. So hat zum Beispiel der Kuckuck das Nachsehen, weil bei uns die Vögel früher brüten. Die Tigermücke profitiert hingegen vom hiesigen Temperaturanstieg, da sie sich so nach Europa ausbreiten kann.

Wenn das Klima kippt

„Kipppunkte" wirken beim Klima wie Dominosteine, die umfallen. Werden sie aktiviert, sind die Folgen unumkehrbar und setzen eine beschleunigte Klimakrise in Gang. Dazu zählen z. B. das Schmelzen der Schneeflächen, das Auftauen der Permafrostböden, die Vernichtung der Wälder und die Versauerung der Ozeane.

Da sie Krankheiten übertragen kann, wirkt sich das wiederum auf den Menschen aus. Gezündet hat die Menschheit den Klimaturbo mit der Erfindung der Dampfmaschine. Das war die erste Maschine, die mit einem fossilen Brennstoff, nämlich mit Kohle, betrieben wurde. Die zunehmende Industrialisierung, Globalisierung und Digitalisierung sowie der Wohlstand in den nördlichen Industrieländern sind die Ursachen für die heutige Klimakrise. Denn seit Beginn der Industrialisierung vor rund 200 Jahren haben die Menschen enorme Mengen an Treibhausgasen freigesetzt: Kohlendioxid (CO_2), Methan und Lachgas.

- CO_2 entsteht, wenn fossile Energieträger (Erdöl, Kohle oder Erdgas) verbrannt werden, z. B. in der Industrie, für den Transport sowie für die Energieversorgung von Gebäuden und bei Brandrodungen.
- Methan entsteht bei der Produktion von Lebensmitteln (Kühe pupsen, Reisanbau, Landnutzung).
- Lachgas entsteht durch die Nutztierhaltung und beim Einsatz von Stickstoffdünger.

Die schlechte Nachricht? Fast alles, was wir tun, wirkt sich auf das Klima aus. Beim Wohnen, beim Einkaufen, im Verkehr oder beim Essen und Trinken – mit unserem täglichen Konsumverhalten tragen wir zum Ausstoß von Treibhausgasen bei (siehe Grafik). Die gute Nachricht? Jeder und jede hat einen Einfluss darauf, ob wir mit unserem Verhalten die Erderhitzung weiter anheizen oder begrenzen wollen.

Treibhausgas-Ausstoß pro Kopf in Deutschland nach Konsumbereichen (2017) in t CO_2-Äquivalente

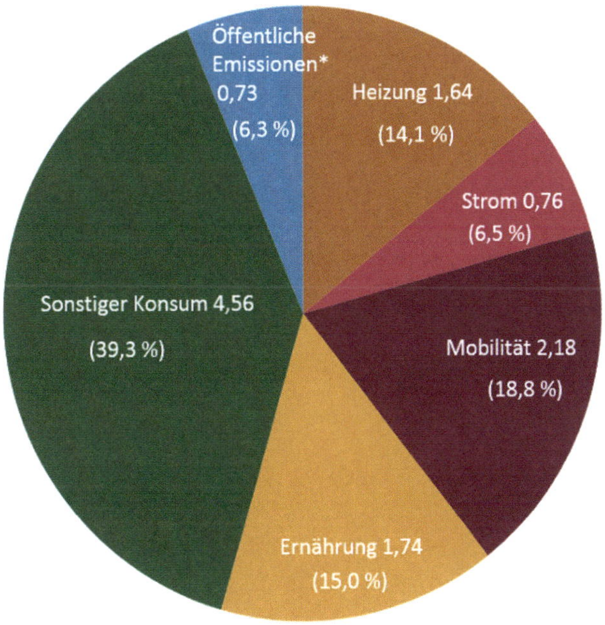

* Emissionen aus Verwaltung, Organisation des Sozialwesens, Infrastruktur, Bildung, Wasserversorgung und Abfallentsorgung

Quelle: UBA-CO2-Rechner (http://www.uba.co2-rechner.de/de_DE)

Quelle: Umweltbundesamt

Klimainterview

Klimazeugen und -zeuginnen helfen den Kindern besser zu verstehen, wie das Klima auf der Erde früher war und welche Faktoren das Klima beeinflussen.

- **Großeltern:** „Klima" beschreibt das über Jahrzehnte beobachtete Wetter einer Region. Wer könnte also besser über seine Veränderung Auskunft geben als Oma und Opa? Die Kinder interviewen sie und stellen Fragen: „Wie war das Wetter früher? Hat es bei euch mehr geschneit? Wie heiß waren die Sommer? Haben sich die Blumen und Insekten in der Region verändert?" Auch den Gründen für das veränderte

Klima können die Kinder auf die Spur kommen: „Gab es früher so viele Autos wie heute? Wo seid ihr als Kind im Urlaub gewesen? Hattet ihr das gleiche Spielzeug wie ich?"

- **Baumscheibe:** An den Jahresringen der Baumscheibe können wir das Alter des Baumes ablesen. Aber so eine Baumscheibe erzählt uns auch, wie sich das Klima im Laufe seiner Zeit entwickelt hat. Auch Bäume machen eine Art Winterschlaf, da sie ohne Blätter und mit weniger Licht und Wasser nicht weiterwachsen. Deshalb sind die Jahresringe für den Winter schmaler und dunkler. Im Sommer sind sie heller und breiter. Je breiter und heller ein Ring, desto besser ging es dem Baum also (Temperatur, Niederschlag, Schädlinge). Wir betrachten gemeinsam eine Baumscheibe. Wie alt ist dieser Baum geworden? Was erzählen uns seine Ringe?

Klimahelden und -heldinnen

Neben den Katastrophennachrichten zur Klimakrise erleben Kinder auch immer wieder, dass es Menschen gibt, die sich für das Klima einsetzen. Fridays for Future, wo junge Menschen für den Klimaschutz demonstrieren, ist den Kindern oft aus Gesprächen in ihrem Umfeld oder den Medien bekannt. Manche kennen auch die junge Klimaaktivistin Greta Thunberg aus Schweden.
Für den Wettbewerb „Kleine Helden" (vgl. Ministerium für Umwelt, Klima und Energiewirtschaft Baden-Württemberg 2021) haben Kita-Kinder und Grundschulkinder ihre Klimahelden und -heldinnen gezeichnet: Feuerwehrfrauen und -männer, Menschen auf dem Fahrrad, Personen, die Bäume pflanzen und Blumen gießen, Meerjungfrauen, die im Meer Plastik einsammeln, Kinder, die Müll sammeln ...

- Welche Klimahelden und -heldinnen möchten die Kinder in der Kita zeichnen? Gestalten Sie eine Ausstellung mit den Kunstwerken oder ein selbst gebasteltes Memo-Spiel.
- Wo verändern wir Menschen das Gleichgewicht des Ökosystems Erde? Wann sind wir selbst Klimaengel und wann Klimaschreck? Machen Sie kleine und große Heldentaten des Kita-Alltags für alle sichtbar. Gestalten Sie eine Spiegelwand, wo Sie die gezeichneten oder niedergeschriebenen Klimaschutz-Ideen unter dem Motto „Spieglein, Spieglein an der Wand – wer ist heute unser Klimaheld oder unsere Klimaheldin im ganzen Kita-Land?" festhalten.

4. Klimamacher: Sonne, Luft, Wasser, Eis und Erde in Aktion

Die vier Elemente „Feuer, Wasser, Erde Luft" sind schon immer ein wichtiger Baustein in der pädagogischen Arbeit in Kitas und tauchen rund ums Jahr in vielen Angeboten, Projekten und Aktivitäten auf. Die Elemente spielen auch für das Klima eine große Rolle: Sonne und Feuer, Luft, Wasser, Eis und der Boden unter unseren Füßen sind Klimamacher.

Klimatheater

Gestalten Sie die fünf Klimamacher als Figuren. Basteln Sie dazu aus den Zeichnungen der Kinder Stabfiguren (z. B. Frau Sonne, Pustewind (Luft), Tröpfchen (Wasser), Kristallinus (Eis), Krümel (Erde)) oder stellen Sie gemeinsam Handpuppen bzw. Sockenpuppen her. Diese Figuren können im Kita-Alltag oder bei Projekten regelmäßig auftauchen und den Bezug zum Thema Klima herstellen. So wird bei vielen Gelegenheiten der Zusammenhang unseres Handelns mit dem Klima erfahrbar. Möchten die Kinder mit den Figuren ein Klimatheater aufführen?

4.1 Die Sonne – das Kraftwerk im Weltall

Sie ist der strahlende Mittelpunkt unseres Planetensystems. Denn um sie dreht sich (fast) alles: die Sonne. Sie ist riesengroß und extrem heiß. Da die Sonne wie ein Superkraftwerk ohne Pause Energie liefert, ist sie der Motor für das Leben auf der Erde. Die Sonne gibt nicht nur die Jahreszeiten vor, sondern ist auch für den Wechsel von Tag und Nacht verantwortlich.

Sie ist ein Kraftwerk im Dauerbetrieb – ohne sie wäre es auf unserem Planeten eiskalt und zappenduster. In jeder einzelnen Sekunde setzt die Sonne mehr Energie frei, als auf der ganzen Erde in Rohstoffen gespeichert ist. Dieses Sonnenkraftwerk funktio-

Prima-Klima-Übung

„Stellt euch vor, wir würden die Sonne ausknipsen! Wie sähe unsere Welt dann aus? Was gäbe es alles nicht mehr? Wie ginge es den Pflanzen und Tieren? Wie würden wir leben?" Eine Erde ohne Sonne ist kaum vorstellbar. Statt Regen würde nur noch Schnee fallen. Nacht und Tag gäbe es nicht mehr. Auch könnten Pflanzen nicht mehr einfach so wachsen und Tiere und Menschen hätten weniger zu essen. Nach und nach würden alle Seen und Meere zu Eis werden und wir würden entsetzlich frieren.

Damit das Experiment nicht zu düster wird, basteln die Kinder am Ende Sonnenblumen oder malen ihr liebstes Sonnenerlebnis.

niert seit 5 Millionen Jahren zuverlässig und wird auch noch sehr, sehr lange halten. Es ist umweltfreundlich, verpestet weder Luft noch Wasser und schont den Boden – und es kostet nichts! Die Sonne steckt hinter allem, was sich auf unserem Planeten bewegt, fliegt, fährt, kocht, leuchtet oder läuft. Bei allem, das in irgendeiner Art von elektrischer Energie angetrieben wird, ist direkt oder indirekt die Sonne im Spiel. Sogar in allen fossilen Brennstoffen steckt Sonnenenergie.

Die Strahlen der Sonne treiben das Wetter an: Sie wecken Winde, lassen Wassertropfen verdunsten, machen Wolken und Regen, treiben die Meeresströmungen an und lassen heiße Luft flimmern. Pflanzen aller Art strecken sich dem Licht der Sonne entgegen. Bäume, Sträucher und Blumen brauchen das Sonnenlicht zum Leben. Nur so können die Pflanzen aus CO_2 und Wasser ihr Lebenselixier gewinnen: Traubenzucker.

Solarkocher

Nicht nur Pflanzen brauchen die Sonne. Auch wir Menschen lieben sie. Wir nutzen ihre Wärmeenergie auf unterschiedliche Art: für Warmwasser, Strom oder sogar direkt zum Kochen mit einem Solarkocher oder einer Solarkochkiste.

Machen Sie die Kraft der Sonne sichtbar, indem Sie mit den Kindern im Sommer einen „Solar-Marshmallow-Bräter" bauen: Kleiden Sie das Innere eines Brotkorbs mit Alufolie aus und stechen Sie einen langen Nagel von hinten durch die Mitte. Auf diesen Nagel stecken Sie ein Marshmallow. Richten Sie dann den Solarbräter nach der Sonne aus und warten Sie, bis es brutzelt.

Sonnenfeuer

Die Sonne ist eigentlich ein großer Feuerball. In ihrem Kern herrschen über 15 Millionen °C. Kein Wunder, dass man mit ihren Strahlen Holz zum Brennen bringen kann. Bevor es losgeht, erklären Sie den Kindern die Sicherheitsregeln. Dann fangen Sie mit einer Fresnellinse oder mit einer Lupe die Sonnenstrahlen ein und zeichnen Brandmuster in eine Holzplatte oder entfachen ein kleines Feuer. Um die Augen zu schützen, setzen die kleinen Forschenden Sonnenschutzbrillen auf. Die wichtigste Zutat für Feuer-Experimente sind aber Erwachsene, die gut aufpassen! Dieses Experiment dürfen Kindern niemals ohne Erwachsene ausprobieren!

Kresse-Experiment

Ohne die Sonne gäbe es keine Pflanzen. Denn sie liefert die Energie, die die Pflanzen zum Wachsen brauchen. Das können die Mädchen und Jungen mit folgendem Experiment leicht selbst beobachten: Die Kinder säen drei Schälchen mit Kresse ein: Eine Schale stellen sie auf die Fensterbank, die zweite Schale decken sie mit einem Karton ab, sodass kein Sonnenlicht an die Samen kommt. Über die dritte Schale stülpen die Kinder eine Glasschale als „Glashaus". Was passiert?

Sonnenmobile

Die Sonne ist unvorstellbar groß: Die Erde hätte 1,3 Millionen Mal Platz in der Sonne! Sie wirkt nur so klein, weil sie so weit weg ist – nämlich 150 Millionen Kilometer. Damit die Kinder einen kleinen Eindruck von diesem Größenverhältnis bekommen, basteln sie unser Sonnensystem nach. Dazu malen die Mädchen und Jungen eine große Pappmaché- oder Holzkugel in Sonnenfarben an und hängen sie in die Mitte eines Mobiles. Darum herum hängen sie kleine Holzperlen als Planeten.

4.2 Die Atmosphäre – nichts als Luft?

Luft ist nicht nichts. Doch was ist Luft, was kann und macht sie? Für uns Menschen ist Luft lebensnotwenig: Wir können ungefähr 4 Wochen ohne Nahrung auskommen, 3 oder 4 Tage ohne Wasser, aber nur ein paar Minuten ohne Luft. Wir können also froh sein, dass unser Planet in einem Meer von Luft schwimmt: Wie ein unsichtbarer, wärmender Mantel umhüllt eine Luftschicht die Erde. Diese Luftschicht nennen wir Atmosphäre. Sie ist ganz dünn. Wenn man sich die Erde als Apfel vorstellt, dann ist diese Schicht gerade so dick wie die Apfelschale. Außerdem besteht sie aus verschiedenen Gasen: zum größten Teil aus Stickstoff (78 %) und aus Sauerstoff (21 %), aber auch aus Treibhausgasen wie CO_2 und Methan. Dieser spezielle Mix in unserer Atmosphäre macht Leben auf der Erde erst möglich.

Der natürliche Treibhauseffekt sorgt für ein prima Klima auf der Erde. Wie funktioniert er? In der Atmosphäre sammeln sich Treibhausgase und bilden eine Schutzhülle mit ganz besonderen Fähigkeiten: Sie lassen kurzwellige Sonnenstrahlen (Licht) ungehindert bis zur Erdoberfläche. Dort verwandeln sich diese Lichtstrahlen in langwellige Wärmestrahlen und werden reflektiert. Die Wärmestrahlen können aber nicht alle ins Weltall zurück, denn wie in einem Gewächshaus für Pflanzen halten die Treibhausgase in der Schutzhülle einen Teil der Wärmestrahlen zurück. Dieser natürliche Treibhauseffekt sorgt dafür, dass es auf der Erde warm genug für Leben ist. Ohne unsere Atmosphäre wäre es auf der Erde ziemlich ungemütlich: Es hätte immer und überall frostige –18 °C.

Der von uns Menschen gemachte (anthropogene) Treibhauseffekt heizt dem Planeten zusätzlich ein. Im rasenden Tempo wird es wärmer, weil wir Menschen immer mehr Treibhausgase in die Atmosphäre pusten. Dadurch wird die Schutzhülle dichter, das heißt, die Atmosphäre lässt immer weniger Wärmestrahlen in das Weltall entweichen. Wie in einem Gewächshaus steigen die Temperaturen auf der Erde immer weiter an. Die Erde hat Fieber (siehe Prima-Klima-Übung, S. 16)!

Außerdem können Gase auch die Luft verschmutzen. Das passiert beim Verbrennen von fossilen Energieträgern (Erdöl, Erdgas, Kohle, Benzin u. a.), wo Abgase in Form von

Natürlicher Treibhauseffekt **Anthropogener Treibhauseffekt**

Quelle: © kikuna e.V., Maja Schmid

grauen Rauchschwaden aus Schornsteinen oder aus dem Auspuff kommen. Neben den gasförmigen Schadstoffen wie Stickoxiden und CO_2 enthalten sie auch feste Stoffe wie Flugasche oder Feinstaub mit Schwermetallen und Ruß. Diese Luftverschmutzung hat negative Folgen für unsere Gesundheit und für die Umwelt.

Dem Treibhauseffekt auf der Spur

Legen Sie zwei Thermometer an einen sonnigen Platz. Nach einer Stunde lesen Sie mit den Kindern die Temperatur ab. Dann stülpen Sie über ein Thermometer eine Salatschüssel aus Glas. Nach einer weiteren Stunde messen Sie wieder und vergleichen die Temperaturen. Bei welchem Thermometer können die Kinder den Treibhauseffekt beobachten? Anschließend können Sie mit den Kindern nach anderen Beispielen für den Treibhauseffekt suchen. Warum ist es im Wintergarten so schön warm? Und warum ist im Auto so oft die Klimaanlage an? Auch ein Besuch bei einer Gärtnerei kann so manche Erkenntnis über den Treibhauseffekt bringen.

Sonnenstrahl-Spiel

Bei diesem Bewegungsspiel spielen die Kinder Sonnenstrahlen, ein oder zwei Kinder übernehmen die Rolle der Treibhausgase. Eine Seite des Spielfelds steht für die Sonne und das Weltall, die Mittellinie steht für den Übertritt in die Erdatmosphäre, auf der andere Seite befindet sich die Erde.

Alle Sonnenstrahlenkinder stehen auf der Sonnenseite. Auf das Kommando „Auf die Plätze, Sonne, strahl!" laufen sie auf die andere Seite – zur Erde. Die Treibhausgase-Kinder stehen auf der Mittellinie und lassen sie ungehindert durch. Auf der Erdseite verwandeln sich die Sonnenstrahlen dann in Wärmestrahlen und möchten wieder zurück in Richtung Sonne. Doch nun versuchen die Treibhausgase die Wärmestrahlen aufzuhalten und schicken sie wieder zurück. Wie viele Wärmestrahlen können entweichen, wie viele bleiben auf der Erde? Mit jeder Runde wird die Anzahl der Kinder, die die Treibhausgase verkörpern, erhöht. Der Weg zurück ins Weltall wird immer schwieriger.

4.3 Wasser und Meer – Quelle des Lebens

Wie eine schillernde blaue Murmel schwebt unser Planet im Weltall. Es ist die Farbe des Wassers, die die Erde blau schimmern lässt. Wasser ist die wichtigste Flüssigkeit des Lebens. Der Großteil der Erde ist mit Wasser bedeckt: Ozeane, Meere, Flüsse, Bäche, Seen und Tümpel. Aber nur ein ganz kleiner Teil (knapp 3 %) ist Trinkwasser, denn die salzigen Ozeane bedecken über 70 Prozent der Erdoberfläche. Sie haben eine enorme Wirkung auf Wettererscheinungen und das Klima. In zweifacher Hinsicht sind sie stille und sehr effektive Verbündete ins Sachen Klimaschutz: Zum einen produzieren die Ozeane Sauerstoff. Jeden zweiten Atemzug, den wir Menschen tun, verdanken wir dem Meer. Hier sind zig Millionen Kleinstlebewesen (pflanzliches Plankton oder Phytoplankton) als Sauerstofffabriken aktiv. Zum anderen wirken die Ozeane als Puffer für die globale Erwärmung, indem sie einen Teil der CO_2-Emissionen, die wir Menschen verursachen, aufnehmen. Sie nehmen außerdem die vom Treibhauseffekt verursachte Wärme auf und verteilen sie mit den Meeresströmungen gleichmäßig über den gesamten Planeten.

Diese Dienste gehen an den Ozeanen nicht spurlos vorüber: Durch das CO_2 werden die Meere saurer und die Wassertemperaturen steigen beständig. Dadurch kommt

das Ökosystem der Ozeane zunehmend aus dem Gleichgewicht und kleine wie große Meeresbewohner leiden. Da sich die Wassertemperatur verändert, finden Wale und Delfine etwa immer weniger zu fressen und müssen ihre gewohnten Pfade verlassen. Auch die ökologisch wichtigen und wunderschönen Korallenriffe reagieren auf diese Veränderung. Sie bleichen aus und verhungern schließlich.
Ein weiteres Problem ist der Anstieg der Meeresspiegel. Schon heute steht der Meeresspiegel durchschnittlich 20 Zentimeter höher als noch vor 100 Jahren. Denn das Eis der Gletscher, der Antarktis und auf Grönland schmilzt, sodass Schmelzwasser in die Ozeane fließt. Da sich die Ozeane erwärmen und warmes Wasser sich ausdehnt, steigt der Meeresspiegel zusätzlich. Bis 2100 könnte der Meeresspiegel bis zu 1 Meter oder mehr ansteigen – mit dramatischen Konsequenzen für niedrig liegende Küstenregionen, Küstenstädte und Inselstaaten. Die Lebensräume von Millionen Tieren und Menschen sind damit in Gefahr.

Gletscher-Experiment

Wieso steigt der Meeresspiegel, wenn Gletscher schmelzen? Mit einer Schüssel (Meer), Steinen (Insel), gefrorenem Wasser aus einem Joghurtbecher (Gletscher) und einer Spielfigur können die Kinder diesem Phänomen auf den Grund gehen.
Bauen Sie mit den Mädchen und Jungen in der Mitte der Schüssel zunächst eine Insel aus Steinen. Platzieren Sie dann den Gletscher und die Spielfigur auf dieser Insel. Füllen Sie Wasser ein, sodass die Insel noch gut aus dem Wasser ragt. Beobachten Sie nun mit den Kindern, was passiert, wenn dieses Eis schmilzt. Verschwindet die Insel irgendwann im Wasser?

Wassertropfen sammeln

Am frühen Morgen oder nach einem Regenschauer können Sie mit den Kindern die Wassertropfen in der Natur beobachten. An welchen Stellen bleiben die Tropfen liegen? Gibt es Pflanzen, die Wassertropfen „sammeln"? Was macht das Sonnenlicht mit den Wassertropfen?
Schicken Sie die Kinder dann mit Pipetten los, um Wassertropfen einzusammeln, und betrachten Sie die Wassertropfen unter der Lupe oder unter dem Mikroskop.

Der große und kleine Wasserkreislauf

Die Wassermenge auf der Erde bleibt immer gleich – kein Wassertropfen geht verloren, keiner kommt hinzu. Denn das Wasser bewegt sich in einem ständigen großen Kreislauf zwischen Himmel, Erde und den Gewässern der Erde. Die Sonne hält diesen Kreislauf im Schwung. Wie funktioniert er?
Sonnenenergie erwärmt das Wasser, das als feuchte Luft nach oben steigt. Der Wind transportiert die feuchte Luft zum Festland. Wenn die Luft aufsteigt, kühlt sie sich ab und es entstehen Wolken. Werden die Wassertropfen groß genug, fällt das Wasser in Form von Regen, Schnee oder Hagel zur Erde zurück. Und irgendwann landen die Wassertropfen wieder im Ozean.
Der kleine Wasserkreislauf lässt sich im tropischen Regenwald beobachten. Dort nehmen die Urwaldriesen Wasser aus dem Boden über ihre Wurzeln auf und transportieren es in die luftigen Höhen der Baumkronen. Dann geben sie das Wasser über ihre Blätter ab und das Wasser verdunstet. Denn wie wir Menschen schwitzen, um unsere Haut zu kühlen, können sich auch die Urwaldriesen durch das verdunstende Wasser vor starker Sonneneinstrahlung schützen. Dadurch bilden sich schließlich Wolken und es beginnt zu regnen. Am Boden angekommen, nehmen die Bäume das Wasser über ihre Wurzeln wieder auf, der Kreislauf beginnt von Neuem. Etwa drei Viertel seines Wasserhaushalts bestreitet der Regenwald über diesen kleinen Wasserkreislauf.

Uraltes Wasser

Wasserteilchen haben einen Einfluss auf das Wetter und das Klima. Auf ihrer unendlichen Reise verändern sie ihre Gestalt: als Regentropfen, Schneeflocke oder Hagelkorn fallen sie vom Himmel, sickern ins Grundwasser, rauschen Bäche und Flüsse hinunter, tanzen in den Wellen der Meere, steigen als Nebel und Wasserdampf wieder auf in die Lüfte und sammeln sich in Wolken.
Um die Vielfalt des Wassers zu entdecken, stellen Sie ein Glas Wasser in die Mitte des Stuhlkreises. Dann erklären Sie den Kindern: „Jeder Wassertropfen ist uralt. Denn kein Wasser kann im Wasserkreislauf verloren gehen. Einige Teilchen in dem Wasser, das wir heute Morgen zum Zähneputzen verwendet haben, haben in der Urzeit vielleicht einen Dinosaurier nass geregnet. Was, glaubt ihr, hat dieses Wasser im Glas seit der Entstehung der Erde schon erlebt?" Aus den vielen Ideen entsteht ein Wasserleporello.

Lies dich klimaschlau!
Britta Böger (2012): Auf großer Fahrt.
Mit Luna und Polly Pop in der wundersamen
Welt des Wassers. Kostenloser Download
unter: **www.umweltbundesamt.de**/
publikationen/auf-grosser-fahrt

Die Reise der zwei Wassertropfen

Erfinden Sie mit den Kindern eine Abenteuergeschichte von zwei kleinen Wassertopfen, die auf ihrer großen Reise so einiges erleben: „Zwei kleine Wassertropfen treffen sich in einer Wolke. Seit einigen Tagen schon sitzen die beiden in der Wolke, gemeinsam mit vielen Millionen anderer Wassertropfen. Dann wird es dem Wassertropfen Wolli langweilig. Er möchte ein Abenteuer erleben. ‚Lass uns auf die Erde springen!', schlägt er dem Wassertropfen Walli vor. Walli macht das Angst. Wer weiß, was sie dort unten erwartet. Doch er nimmt allen Mut zusammen. Huuui, mit einem lauten Platsch springen Wolli und Walli aus der Wolke. Ihr Abenteuer beginnt!" Wem begegnen die beiden in der Luft? Wo werden sie landen? Was werden sie erleben? Und wo wird ihre Reise enden? Gestalten sie die Geschichte als Theater oder Bewegungsspiel.

Prima Klima im Gurkenglas

Gestalten Sie mit den Kindern eine besondere Beobachtungsstation in einem großen Gurkenglas. Ein kleiner Regenwald entsteht:

- Schichten Sie Holzkohle (gegen Schimmel), Kieselsteinchen und ungedüngte Erde der Reihe nach in ein großes Gurkenglas, bis dieses etwa zu einem Drittel gefüllt ist
- Pflanzen Sie Moos und eine Pflanze (z. B. Ableger von der Grünlilie), gestalten Sie die Landschaft mit Zapfen, Schneckenhäusern oder Steinen
- Gießen Sie einmal kräftig mit destilliertem Wasser
- Verschließen Sie das Glas mit einem Deckel oder einer Frischhaltefolie mit Gummi

An einem hellen Platz bleibt das Prima-Klima-Glas lange Zeit dekorativ! Legen Sie mit den Kindern ein Forschungsbuch an und dokumentieren Sie regelmäßig (am Beginn, nach 1 Woche, nach 3 Wochen, nach 2 Monaten, nach 4 Monaten ...) die Beobachtungen mit Notizen, Bildern und Fotos. Sie können auch mehrere Klimagläser gestalten und diese an unterschiedliche Orte stellen. Was passiert, wenn es in einem dunklen Schrank oder im Sommer draußen in der Sonne steht?

4.4 Welt aus Eis – ewige Kälte?

„Opa, was ist ein Schneemann?" – diese Frage ist immer wieder auf den Plakaten bei Klima-Demos zu lesen. Werden die Kinder in Zukunft Schneemänner, Schlittenfahrten und Schneeflocken nur noch aus Erzählungen kennen?

Seit Jahrzehnten schwindet die Fläche, die mit Eis bedeckt ist. Rekordtemperaturen an den Polen genauso wie in den Alpen oder in Sibirien lassen jedes Jahr größere Massen dahinschmelzen. In Grönland und der West-Antarktis sind wahrscheinlich bereits unwiederbringliche Kipppunkte (siehe S. 30) überschritten. Problematisch sind auch die weltweit auftauenden Permafrostböden. Da die Böden durch die Erderhitzung stärker auftauen als bisher, beginnt organisches Material zu verrotten und setzt dabei

Arten von Eis

Die Kryosphäre (griech. *kryos* = Eiskälte, Frost) beschreibt die gesamte Eis- und Schneewelt auf unserem Planten:

- Eisschild: ganzjährige große Landeismasse in Grönland und in der Antarktis
- Schelfeis: Eisflächen, die auf das Meer hinauswachsen
- Eisberge: Abbrüche von Gletschern und Schelfeis, die im Meer schwimmen
- Gletscher: aus Schnee gebildete Eismasse; als Gebirgsgletscher z.B. in den Alpen
- Meereis: gefrorenes Meerwasser
- Permafrostböden: dauerhaft gefrorener Boden in polaren Regionen und Gebirge
- Schnee: Niederschlag aus gefrorenem Wasser

CO_2 und Methan frei. Das verstärkt die Klimakrise. Es wird also noch wärmer und noch mehr Boden taut auf, sodass beim Verrotten immer mehr Treibhausgase freigesetzt werden.
Selbst das „ewige Eis" ist durch die menschengemachte Klimakrise nicht mehr ewig. Arktis, Antarktis und Gletscher sind weltweit stark bedroht. Die Arktis erwärmt sich sogar doppelt so schnell wie der Rest der Welt und liegt bei +2 °C. Deshalb geht das Meereis der Arktis immer weiter zurück. Von Jahr zu Jahr wird die gemessene Fläche kleiner. Eisbären leben auf dünnem Eis und finden immer weniger Beute.
Doch die Eisschmelze bringt nicht nur faszinierende Ökosysteme in Gefahr, sondern zunehmend auch uns Menschen. Gletscher und Eisschilde speichern den Großteil des Süßwassers unserer Erde, Permafrostböden schützen Küstenregionen vor Erosion und binden Kohlenstoff und Methan. Besonders für das Klima kommt den Eisflächen also eine wichtige Rolle zu:

- **Süßwasser:** Die Gletscher und Eisschilde speichern einen Großteil von unserem Süßwasser.
- **Abkühlung:** Eis und Schnee reflektieren als helle Oberfläche einen großen Teil der Sonnenstrahlung und verhindern damit das Aufheizen der Erde (siehe Infokasten, S. 44).
- **Treibhausgase:** In den Permafrostböden sind Treibhausgase wie CO_2 und Methan dauerhaft gespeichert.
- **Lebensraum:** In den arktischen Regionen hat sich eine besondere Tier- und Pflanzenwelt entwickelt, die sich an die eisigen Temperaturen angepasst hat.
- **Ozeanzirkulation:** Die Eisschilde der Antarktis und Grönlands beeinflussen stark die Luft- und Wasserströmungen unserer Erde.

Pinguine auf der Scholle

Am Anfang des Spiels stehen die Kinder auf einer Seite des Raumes, jedes auf einer eigenen Eisscholle (Zeitungspapier). Sie sind Pinguine, die das Festland auf der anderen Seite des Raumes erreichen sollen, wobei niemand zurückbleiben oder verloren gehen darf. Die Pinguine dürfen sich nur auf Eisschollen vorwärtsbewegen und keinesfalls den Boden berühren. Allerdings können sie einander helfen. Schwieriger wird das Spiel, wenn die Sonne

die kleinen Eisschollen Stück für Stück wegschmilzt. Die Spielleitung reißt dazu nach jeder Runde Stücke vom Zeitungspapier ab oder nimmt Eisschollen, auf denen keiner steht, ganz weg. Wenn alle Pinguine das rettende Ufer erreicht haben, ist das Spiel gewonnen und sie können sich in Pinguinart aneinanderkuscheln. Als Variante spielen die Kinder Eisbären, die gerade auf den Eisschollen jagen.

Albedo-Effekt

Die Farbe Weiß (lat. *albedo* = weiß) spielt die Hauptrolle beim Albedo-Effekt: Weiße Oberflächen reflektieren das Licht, während schwarze das Licht absorbieren, also aufnehmen. Weiße Schnee- und Eisflächen reflektieren Strahlung deshalb fast vollständig. Was bedeutet das fürs Klima? Durch die Erderhitzung schmelzen große Flächen an Schnee und Eis. Dunkle Ablagerungen von Bränden und Abgasen verringern das Rückstrahlvermögen zusätzlich. Da so immer weniger Licht und Wärme reflektiert werden, heizt sich die Erde weiter auf. Das hat zur Folge, dass noch mehr Schnee- und Eisflächen schmelzen.

Albedo-Experiment

Im Sommer, wenn die Sonne kräftig scheint, spürt man den Wärmeunterschied von hellen und dunklen Objekten. In einem schwarzen T-Shirt schwitzen wir z. B. mehr als in einem weißen, und schwarzer Asphalt heizt sich stark auf.

- **Experiment 1:** Legen Sie schwarze und weiße Gegenstände (Steine, Stoff, Papier ...) in die Sonne und lassen Sie die Kinder nach einer Weile mit den Händen fühlen, ob sie einen Unterschied merken. Was fühlt sich wärmer an, was kühler?
- **Experiment 2:** Füllen Sie mit den Kindern in zwei Gläser gleich viele Eiswürfel. Dann stellen Sie sie auf eine weiße und eine schwarze Unterlage (z. B. Papier) in der Sonne. Was können wir beobachten?

Was bedeuten die Ergebnisse unserer Experimente für unser Klima, wenn die Eisflächen kleiner werden?

Lies dich klimaschlau!

Britta Böger (2018): An den Polen der Welt. Leo und Polly Popp in der Arktis und Antarktis. Kostenloser Download unter: **www.umweltbundesamt.de**/publikationen/an-den-polen-der-welt

Schneeflockenwunder

Jede Schneeflocke ist einzigartig! Ihre Formen sind unvorstellbar vielfältig und zart. Sehen Sie sich die kleinen Wunder mit den Kindern ganz genau an. Dazu sammeln die Kinder, wenn es schneit, mit gekühlten dunklen Stoffen einzelne Schneeflocken. Schon mit dem bloßen Auge kann man die Strukturen sehen. Noch mehr entdecken die Kinder mit der Lupe oder unter dem Mikroskop. Dabei lassen sich auch gut die einzelnen Schneekristalle erkennen, aus denen die Schneeflocken zusammengesetzt sind.

4.5 Boden – Schätze unter unseren Füßen

„Erde" heißt der Planet, auf dem wir Menschen leben. „Erde" ist aber auch der Boden, der uns trägt. Er ist unser ständiger Begleiter. Dennoch nehmen wir ihn im Alltag kaum wahr. Tagtäglich treten wir den Erdboden mit Füßen, obwohl wir ihn wie einen wertvollen Schatz auf Händen tragen sollten. Denn ohne diese dünne Erdschicht könnten wir Menschen auf der Welt nicht leben.

Wie die Schale eines Apfels umhüllt die Erdkruste unseren Planeten. Diese äußerste Schicht der Erde besteht aus festem Gestein im Untergrund und dem Erdboden. Die oberste, belebte Schicht ist der Boden unter unseren Füßen. Sie ist im Vergleich zur ganzen Erde hauchdünn, etwa 30 bis 200 Zentimeter dick, und besteht aus Mineralien, Humus, Luft, Wasser und vielen, vielen Bodenlebewesen. Dem Boden verdanken wir die einzigartige Vielfalt an

Pflanzen und Tieren. Er versorgt uns mit Essen und Medizin, bietet den Grund für Wälder, Wiesen, Wüsten und andere Lebensräume. Er liefert Baumaterial für Häuser, Straßen, Fabriken. Wir nutzen „Bodenschätze" als Rohstoffe für die Energieversorgung und Industrie. Der Boden reinigt das Wasser und speichert es. Außerdem speichert der Boden Treibhausgase. Er ist nach den Ozeanen sogar der zweitgrößte Speicher überhaupt. Denn Pflanzen speichern einen Teil vom Kohlenstoff, den sie aufnehmen, direkt als eigene Biomasse und geben einen anderen Teil über die Wurzelatmung an den Boden ab. Wenn die Pflanze abstirbt, landet auch sie mit ihrem gespeicherten Kohlenstoff im Boden. Der Boden spielt also eine tragende Rolle im Kreislauf der Natur: Ohne ihn hätten wir nichts zu essen, keine Luft zum Atmen und kein sauberes Wasser. Die lebenswichtigen Stoffkreisläufe würden lahmliegen. Es gäbe keinen Nährstoffkreislauf, keinen Wasserkreislauf und auch keinen Sauerstoff in der Luft!
Obwohl wir das alles wissen, versiegeln wir immer stärker unseren Boden. Täglich verschwinden große Flächen lebendiger Erde unter Asphalt und Beton. Auch die Verdichtung der Böden und Schadstoffe in der Landwirtschaft (Pestizide und Düngemittel) setzen dem Boden zu. Damit zerstören wir unsere eigene Lebensgrundlage. Denn ein Boden wächst langsam und träge. Es dauert sehr lange, bis er auf Umwelteinflüsse reagiert. Wenn man die Veränderung durch den Eintrag von Schadstoffen bemerkt, ist es oft schon zu spät.

Speicherwunder Moor

Die Moore spielen eine wichtige Rolle für unser Klima. Weltweit speichern sie doppelt so viel CO_2 wie Wälder, denn abgestorbene Pflanzenteile verrotten im Moor nicht. Da der Boden zu feucht und zu sauer ist, gibt es dort keine Bodenlebewesen, die die Pflanzenreste abbauen. Außerdem sind Moore ein wichtiger Lebensraum für seltene Tier- und Pflanzenarten.
Früher gab es riesige Moorflächen in Deutschland. Doch für Ackerland und Weideflächen wurden sie trockengelegt, für Brennmaterial und Blumenerde abgetragen. Früher war z. B. fast in jeder Blumenerde Torf. Heute gibt es zum Glück eine große Auswahl an torffreien Erden, auf die Sie beim Anlegen eines Kita-Gartens zurückgreifen können. Aktuell werden einige Moore sogar wieder „vernässt", damit sie CO_2 speichern.

Kleine Bodenforschung

Boden ist nicht gleich Boden! Waldboden riecht gut, Steine liegen vertraut und angenehm in der Hand. Im Kompost wuselt es, im Garten wachsen Kräuter und auf dem betonierten Gehweg tut sich gar nichts. Sand knirscht und zerbröselt zwischen den Fingern, Ton und Lehm lassen sich gut formen und regen die Fantasie an. Sammeln Sie Ideen, wie Sie bei Ihren Forschungen vorgehen können. So können die Kinder z. B. mit einer Becherlupe losziehen und eine Bodenprobe nehmen. Entdecken sie Regenwürmer, Hundertfüßer oder Springschwänze? Im Tierlexikon recherchieren Sie dann gemeinsam, welche Aufgaben die Tiere für den Boden haben und was sie fressen.

Boden vergleichen

Die Kinder befüllen Blumentöpfe mit unterschiedlichen Bodenarten (Gartenboden, Ackerboden, Lehm, Sand) und stecken in jede Bodenprobe einen Keimling. Treibt der Keimling in allen Bodenarten? Kann er überall gleich gut gedeihen oder wächst in manchen Bodenarten gar nichts?

Was brauchen Pflanzen, um gut zu wachsen? Betrachten Sie mit den Kindern Bilder aus unterschiedlichen Regionen der Welt. Wie sieht der Boden dort aus? Welche Pflanzen kann man sehen? Was essen die Menschen in anderen Kontinenten? Haben sie genug zu essen? Machen Sie eine kleine kulinarische Reise rund um den Globus!

Kita-Garten

Kräuter, Radieschen, Zuckerschoten, Erdbeeren – pflanzen Sie mit den Kindern gemeinsam Lebensmittel an und sehen Sie ihnen beim Wachsen zu. Auch wenn das Außengelände der Kita begrenzt ist, findet sich für einen Kita-Garten immer Platz: auf einem Acker in der Nähe der Kita, im Hochbeet, im Eimer, auf der Fensterbank oder als Gartenzaunbeet (siehe S. 85).

In einen Kita-Garten gehört natürlich auch ein Kompost. Dieser ist gemeinsam mit den Familien schnell angelegt und veranschaulicht, wie fruchtbare Erde entsteht. Einen Mini-Kompost können die Kinder sogar im Glas anlegen (siehe Surftipp).

Surf dich klimaschlau!

Eine Anleitung fürs Gestalten von Kompostgläsern mit Kindern finden Sie in der „Digitalen Krümelkiste" des Vereins Restlos Glücklich: **www.restlos-gluecklich.berlin**/kitaprojekt/digitalekruemelkiste

5. Bäume & Wälder – grüne Lungen unserer Erde

Im Wald kann man die besondere Wirkung auf das Klima vor Ort spüren! Im Sommer ist es dort kühler als auf der freien Fläche und an sehr kalten Tagen im Winter kann es im Wald bis zu 2 °C wärmer sein. Bäume und Wälder sind also nicht nur schön anzusehen, sie haben auch viele wichtige Aufgaben, die für uns Menschen und die Natur überlebenswichtig sind.

- **Sauerstofffabriken:** Aus Sonnenlicht, CO_2 und Wasser stellen die grünen Blätter Sauerstoff und Traubenzucker her. Den Traubenzucker brauchen die Bäume, um zu wachsen und Holz zu bilden (Zellulose). Den Sauerstoff geben sie an die Luft ab. Fast alle Lebewesen auf der Erde brauchen diesen Sauerstoff zum Atmen. Wälder sind also die grünen Lungen unserer Erde.
- **CO_2-Speicher:** Bei der Sauerstoffproduktion bauen Bäume ganz nebenbei das klimaschädliche CO_2 in lebendige Biomasse um und bremsen so die Klimakrise. Das CO_2 speichert ein Baum im Stamm, in seinen Ästen und Wurzeln sowie im Waldboden (Humus). Wie viel gespeichert wird, hängt von der Baumart, dem Alter und seinem Standort ab (vgl. Stiftung Unternehmen Wald 2022).
- **Hotspot für Vielfalt:** Bäume und Wälder bieten vielen Tieren Wohnraum, Schutz und Nahrung. Schätzungen zufolge leben etwa zwei Drittel aller Pflanzen- und Tierarten in den tropischen Regenwaldgebieten. Diese Biodiversität ist nicht nur für den Erhalt der Ökosysteme von großer Bedeutung, sondern auch für die Ernährung und Gesundheit des Menschen. Neben Nahrung wie Obst, Nüsse und Kakao erhalten wir von den Bäumen auch viele Medikamente!

- **Lieferant für Ressourcen:** Tausende kleine und große Alltagsgegenstände stammen direkt oder indirekt von Bäumen. Wir nutzen das Holz der Bäume, um Häuser und Möbel zu bauen oder um Papier zu erzeugen. Bei einigen Bäumen gewinnen wir Kautschuk aus dem Baumsaft, Kork aus der Rinde oder Öl aus den Früchten. Und wir gewinnen aus Bäumen Energie. Durch Brennholz, Kohle oder in Form von Pellets sorgen sie dafür, dass wir es warm und genug Strom haben.
- **Wasserspeicher & Wasserfilter:** Bäume und Wälder sorgen für sauberes Trinkwasser. Die Wurzeln filtern den Schmutz aus den Regentropfen und speichern das Wasser. Von diesem Vorrat geben sie langsam wieder etwas ans Grundwasser ab, sodass wir sauberes Trinkwasser haben.
- **Erosionsschutz:** Mit ihren Wurzeln halten die Bäume die Erde fest. Ohne Vegetation steigt die Gefahr von Überschwemmungen, Erdrutschen und Bodenerosion. In Küstenregionen werden etwa Mangrovenwälder gepflanzt, um das Landesinnere vor einem Hurrikan zu schützen.
- **Klimaanlage und Luftfilter:** Die Blätter der Bäume wirken als Klimaanlage und Luftfilter. Bäume geben über ihre Blätter Feuchtigkeit ab. Diese kühlen die Luft. Deshalb ist es im Wald auch an heißen Tagen angenehm kühl. Außerdem filtern die Blätter Schmutzteilchen aus der Luft.
- **Erholung & Kultur:** Im dicht besiedelten Deutschland haben Wälder für die Menschen seit jeher eine besondere Bedeutung als Raum für Erholung und Naturerleben.

Prima-Klima-Fragen

Überlegen Sie sich gemeinsam mit den Kindern kleine Alltagsszenen, die wir den Bäumen zu verdanken haben. Zum Beispiel: „Stell dir vor, du sitzt auf einem Holzstuhl an einem Tisch, isst einen Apfel und malst dann frisch gestärkt mit den Buntstiften ein Bild." All das wäre ohne Bäume gar nicht möglich! Wie von selbst schließen sich daran die Klima-Fragen an: „Kannst du dir eine Welt ohne Bäume vorstellen? Wie sähe sie aus? Warum sind Bäume für das Leben auf der Erde wichtig? Hast du einen Lieblingsbaum?"

5.1 Die Wälder unserer Erde in der Klimakrise

Rund ein Viertel der Landfläche auf unserem Planten ist derzeit von Wäldern bedeckt. Auf der Weltkarte erkennt man neben den vielen kleinen grünen Flächen vor allem zwei große Waldflächen: den tropischen Regenwald am Äquator (siehe Kapitel 5.2) und den borealen Nadelwald im Norden (siehe Infokasten).
Wald und Klima sind untrennbar miteinander verbunden. Nimmt die Waldfläche ab, ändert sich das Klima – verändert sich das Klima, passt sich auch das Ökosystem Wald an. Im Moment läuft die Klimaerwärmung jedoch so rasant ab, dass die einheimischen Baumarten und die gesamte Waldgemeinschaft nicht mehr mithalten können. Die Waldflächen auf unserem Planeten werden immer kleiner, weil wir Menschen viel zu viele Bäume fällen. Wir wollen das Holz für Möbel, Häuser, Papier oder zum Heizen gewinnen. Oder wir möchten den Platz für Plantagen, Weideland, für den Abbau von Rohstoffen oder für Dörfer und Städte nutzen.

Rodung des borealen Nadelwalds

Rund 90 Prozent der Rohstoffe für den globalen Papier- und Schnittholzbedarf kommen aus dem borealen Nadelwald (lat. *boreal* = nördlich). Dadurch sind bereits große Waldflächen zerstört. Boreale Wälder ziehen sich rund um unsere Nordhalbkugel und sind die größten zusammenhängenden Nadelwälder der Erde. Ihre Abholzung befeuert die Klimakrise, da dieses grüne Band besonders viel CO_2 speichert. Denn die Taiga, wie diese Region auch genannt wird, besteht aus Feuchtgebieten und Mooren (siehe S. 46).
Auch das Ökosystem wird durch die Rodung gefährdet. Neben Fichten, Kiefern, Tannen und Lärchen leben in der Taiga auch Rentierherden, Elche, Bären, Luchse und andere große Säugetiere. Indigene Völker betreiben hier Rentierzucht. Sie spüren die Folgen der Klimakrise deutlich und wollen den Wald schützen.

Pflanzenatmung live erleben

Werfen Sie live einen Blick in die Sauerstofffabrik der Pflanzen: Mit der Wasserpflanze „Wasserpest" können Sie die Pflanzenatmung für Kinder sichtbar machen. Geben Sie die Pflanze mit Wasser in einen transparenten Glasbehälter, fügen Sie etwas Mineralwasser hinzu. Schon bald steigen kleine Luftbläschen auf.

Ein Stück Wald

Suchen Sie gemeinsam mit den Kindern in den Innenräumen nach Teilen oder Produkten von Bäumen. In welchen Gegenständen in der Kita versteckt sich ein Stück Wald: in den Möbeln, im Boden, in der Heizung, in der Küche, im Drucker, im Spieleschrank, im Buchregal, in der Stiftebox? Sie werden staunen, wie viel Sie finden. Gestalten Sie mit den Kindern ein Danke-Plakat oder eine Ausstellung dazu.

Bäume pflanzen für den Planeten

„Die kleinen Dinge, die Menschen tun, zeigen Wirkung. Das wird auf Dauer den Unterschied machen. Meine kleinen Dinge bestehen darin, dass ich Bäume pflanzen."

Dieses Zitat stammt von Wangari Maathai aus Afrika. „Mama Miti" („Mutter der Bäume" auf Kisuaheli), wie sie genannt wurde, hat sich für den Umweltschutz auf ihrem Heimatkontinent eingesetzt und erreicht, dass mehr als 30 Millionen Bäume in Afrika gepflanzt wurden. Dafür hat sie 2004 als erste Afrikanerin den Friedensnobelpreis bekommen. Sie war auch das große Vorbild für Felix Finkbeiner, der im Jahr 2007 als Neunjähriger sein Schulreferat über den Treibhauseffekt mit den Worten beendete: „Lasst uns Kinder in jedem Land der Erde eine Million Bäume pflanzen." Das war der Beginn der Schülerinitiative „Plant for the Planet", die sich mittlerweile zu einer internationalen Bewegung entwickelt hat und weltweit Millionen von Bäumen pflanzt (www.a.plant-for-the-planet.org).

Starten auch Sie eine Baumpflanz-Aktion mit den Kindern. Wenn auf dem Kita-Gelände kein Platz ist, fragen Sie bei der Kommune oder bei großen Unternehmen nach. Auch für bestehende Bäume können Sie sich einsetzen. Die zunehmend heißen und trockenen Sommer setzen die Bäume unter Stress. Versorgen Sie mit den Kindern einen Baum in Ihrer Nähe deshalb regelmäßig mit Wasser.

Papier sparen

Wir Deutsche verbrauchen mit rund 240 Kilogramm pro Person und pro Jahr mehr Papier als jedes andere Land. In diesem Papierberg stecken jede Menge Bäume. Jeder fünfte Baum, der gefällt wird, landet in der Papierindustrie! Und das, obwohl man Papier eigentlich gut wiederverwerten kann. Toilettenpapier, Servietten, Taschentü-

cher, Hefte, Zeichenblöcke, Druckerpapier, Briefumschläge und Briefpapier – das alles gibt es auch aus Recyclingpapier. Überlegen Sie im Team, mit den Eltern und den Kindern, wo uns tagtäglich Papier begegnet. Jeden Tag benutzen wir Bücher und Zeitschriften, Papier zum Kopieren, als Notizblock oder für Taschentücher. Das allermeiste benutzen wir aber für Verpackungsmaterialien. Wo gibt es Einsparpotenzial? Zum Beispiel:

- Recyclingpapier nutzen – auch beim Toilettenpapier (z. B. Siegel „Blauer Engel")
- Papier immer doppelseitig bedrucken und beschreiben
- unnötige Kataloge abbestellen
- Aufkleber „keine Werbung" am Briefkasten
- Bücher, Comics und Zeitschriften tauschen und verleihen statt neu kaufen
- mehrfach verpackte Produkte vermeiden
- Stoffbeutel und Körbe statt Papier- oder Plastiktüten nutzen

5.2 Den Regenwald schützen

Auf fast jedem Kontinent gibt es tropische Regenwälder. Wie ein grüner Gürtel liegen sie am Äquator rund um den Globus. Der tropische Regenwald ist dabei der artenreichste Lebensraum der Welt – ein Wunder der Natur und eine Schatzkammer der Erde. Wahrscheinlich zwei Drittel aller Arten sind in den Regenwäldern zu Hause. Unter ihnen leben viele Pflanzen- und Tierarten, die nur hier und sonst nirgendwo auf der Erde zu finden sind. Was ist also das Besondere am Regenwald?

Der Name Regenwald sagt es schon: Hier regnet es viel, es ist extrem feucht und sehr warm. Das ganze Jahr über herrschen Temperaturen zwischen 22 und 34 °C – es gibt darum keinen Jahreszeitenwechsel, wie wir ihn kennen. Anders als bei uns werfen die Bäume ihre Blätter auch nicht ab, sodass der Regenwald immergrün ist. Als grüne Lungen der Erde sind die tropischen Regenwälder deshalb sehr wichtig für das Klima. Sie helfen das Weltklima stabil zu halten, weil sie große Mengen von CO_2 speichern. Trotzdem roden wir immer mehr Regenwald ab. Viele Lebensmittel und Dinge, die wir im Alltag verwenden, kommen direkt oder indirekt aus dem Regenwald: Früchte, Gewürze, Grundstoffe für Arzneimittel, Holz und andere wertvolle

Rohstoffe. Große Regenwaldflächen werden niedergebrannt, um z. B. Soja für die Massentierhaltung, schnell wachsende Baumarten wie Eukalyptus für die Papierindustrie oder Ölpalmen (siehe Infokasten) anzubauen. Auch für Holzprodukte, Kautschuk und für Rohstoffe wie Erdöl, Gold und Coltan (dieses Metall steckt im Handy) sowie für das Weideland von Rindern muss Regenwald weichen. Alle 2 Sekunden wird ein Stück Regenwald zerstört, das etwa so groß ist wie ein Fußballfeld! Die Folgen sind verheerend: Es gibt immer weniger Waldflächen, die das Treibhausgas CO_2 binden können. Die Rodung des Regenwalds verstärkt jedoch nicht nur die Klimakrise. Auch verlieren

Palmöl im Einkaufskorb

„Ich sehe was, was du nicht siehst! Es kommt aus dem Regenwald und kann ganz viele verschiedene Farben, Formen und Geschmäcker annehmen." Na ja, so richtig sehen können wir es eigentlich nicht. Trotzdem begegnen wir ihm sehr häufig. Die Rede ist von Palmöl. Es steckt in vielen Produkten unseres Alltags, auch dort, wo man es nie vermuten würde.

Palmöl wird aus den Früchten der Ölpalme hergestellt. Diese Palme kommt ursprünglich aus Afrika und wird heute überall angepflanzt, wo es warm und feucht ist, also in den Tropenregionen der Erde. Da Palmöl nicht teuer ist und sich gut verarbeiten lässt, finden wir es immer häufiger in hiesigen Supermärkten. Von Sonnencreme über Kerzen bis zu Pommes Frites, Nussnougatcreme, Margarine, Waschmittel oder Seife – der WWF schätzt, dass in ungefähr jedem zweiten Supermarktprodukt Palmöl steckt (vgl. WWF Deutschland 2020). Zusätzlich nutzen wir es als Biokraftstoff für Fahrzeuge oder verbrennen es, um Strom und Wärme zu gewinnen. Um diese starke Nachfrage nach Palmöl zu bedienen, wird immer mehr Regenwald abgeholzt. Irgendwo müssen die Ölpalmen schließlich wachsen. Nur wenn wir darauf achten, „weltbewusst" zu handeln, können wir diese Entwicklung stoppen. Das bedeutet, dass wir uns genau über die Inhaltsstoffe und die Herkunft der Produkte in unserem Einkaufskorb informieren müssen und bewusst Produkte auswählen, die gut für uns und für die Welt sind.

besondere Tier- und Pflanzenarten wie Orang-Utans, Sumatra-Tiger und Borneo-Nashörner sowie die Menschen in den Regenwald-Gebieten ihren Lebensraum.

Surf dich klimaschlau!
Eine Vielfalt an Materialien und Projekten rund um den Regenwald finden Sie bei der Tropenwaldstiftung OroVerde: **www.regenwald-schuetzen.org** (Unsere Projekte → Bildungs-Projekte → Kiga-Projekte / Unterricht → Unterrichtsmaterial → Materialpakete).

Regenwald-Ausstellung

Gestalten Sie mit den Kindern ein buntes Regenwald-Fenster oder sogar eine kleine Regenwald-Ausstellung. Hier können Sie aufzeigen, durch was der Regenwald bedroht ist, und Alternativen nennen. Regenwaldfreundlich bedeutet:

- kein oder wenig Fleisch
- keine Palmöl-Produkte
- keine Grillkohle aus Tropenholz
- Eier, Milch und Käse bio und aus ökologischer Haltung
- Gartenmöbel aus heimischen Wäldern statt aus Teakholz
- Mobiltelefon möglichst lange nutzen; wenn es ausgedient hat, zum Recycling abgeben (Sammelbox in der Kita)
- statt Alufolie für Pausenbrote z. B. Mehrwegbehälter oder Bienenwachstücher

Regenwalddetektive und -detektivinnen

Gestalten Sie mit den Kindern einen Detektivausweis und gehen Sie gemeinsam mit einer Lupe auf Spurensuche. In welchen Lebensmitteln aus den Vorratsschränken der Kita oder im Einkaufsladen versteckt sich Palmöl? Können wir auf diese Produkte verzichten? Wie können wir sie ersetzen?
Ist das geschafft, geht die Suche weiter. Welche Produkte haben sonst noch – direkt oder indirekt – mit dem Regenwald zu tun? Das ist gar nicht so einfach. Hier ist echte Detektivarbeit gefragt! Gestalten Sie dazu eine Collage und machen Sie sie zum Teil eines großen Regenwaldbilds.

Palmölfreies Fast Food

In vielen Fertigprodukten steckt Palmöl. Laden Sie deshalb die Eltern und Kinder zum gemeinsamen palmölfreien Backen und Kochen ein und belegen Sie mit ihnen eine leckere Pizza aus selbst gemachtem Hefeteig. Alternativ können Sie z. B. (Süß-)Kartoffeln in Stifte schneiden, kurz in Wasser legen, abtrocknen, leicht salzen, mit etwas Sonnenblumenöl beträufeln und sie im Ofen knusprig backen. Zum Nachtisch gibt es selbst gebackene Kekse oder ein leckeres Bananeneis mit geraspelter Schokolade aus Fairem Handel.

Regenwaldfreundliche Blütenseife

Auch Wasch- und Reinigungsmittel können Sie mit den Kindern selbst herstellen. Suchen Sie gemeinsam nach umweltverträglichen Alternativen. Probieren Sie bewährte Hausmittel aus und gehen Sie grundsätzlich sparsam mit Reinigungsmitteln um. Folgende Kreativaktion bringt zusätzlich Freude in den palmölfreien Alltag: Besorgen Sie sich eine klare, palmölfreie Rohseife (Gießseife), ein paar Tropfen Duftöl und trocknen Sie mit den Kindern hübsche Blütenblätter. Gießen Sie dann gut duftende Blütenseifen, die die Kinder z. B. zum Muttertag verschenken können.

Regenwald-Fest

Organisieren Sie mit den Kindern ein gemeinsames Regenwald-Fest, um viele Menschen zu einem aktiven Regenwald-Schutz zu inspirieren. Neben palmölfreien Leckereien dürfen dort natürlich auch Spiele nicht fehlen. Ein Memo-Spiel aus Regenwaldtieren, Schlangenbasteln aus Toilettenrollen, ein Affenrennen, Regenwaldquiz und Tierspuren-Stempeln sind nur ein paar Ideen, damit es garantiert nicht langweilig wird.

Surf dich klimaschlau!

Was können wir bedenkenlos einkaufen, weil kein Palmöl enthalten ist? Einen Einkaufsführer und Infos zur Verwendung zu Palmöl finden Sie hier: **www.produkte-ohne-palmoel.de**

6. Energie – unsichtbare Kraft

Wie eine unsichtbare Macht hält sie die Welt in Schwung: Energie. Man kann sie nicht sehen, nicht hören, nicht riechen und nicht spüren. Und trotzdem ist sie da. Wir nehmen Energie immer dann wahr, wenn sie etwas tut: wenn sich ein Windrad dreht, ein Toaster sich erhitzt oder ein Motorrad losknattert. Doch auch wenn wir sie nicht spüren oder sehen, steckt Energie in allem, was uns umgibt: in der Natur, den Pflanzen und den Tieren. Selbst unser Körper braucht andauernd Energie. Ob Licht, Wärme oder Bewegung – alles ist Energie. Dabei wird sie nie verbraucht oder vernichtet. Sie wird lediglich umgewandelt.

Prima-Klima-Fragen

- Wo wurden wir seit heute Morgen schon mit Energie versorgt (Licht, Wärme, Mobilität ...)?
- Wann haben wir gar nicht gemerkt, dass wir Energie verbrauchen?
- Was können wir tun, um im Kita-Alltag Energie zu sparen?
- Woher kommt unser Strom? Bezieht die Kita Ökostrom?

6.1 Woher kommt unser Strom?

Wir können uns heute ein Leben ohne elektrischen Strom kaum mehr vorstellen. Kühlschrank, Herd, Fernsehgerät, Computer, Stereoanlage, Licht – alles funktioniert nur mit Strom. Zum Beispiel kann man mit einer 1 Kilowattstunde Strom:

- etwa 133 Schreiben Toastbrot in einem Toaster rösten
- etwa 1 Stunde lang die Haare föhnen
- 100 Stunden Radio hören
- ein Abendessen für 4 Personen kochen
- etwa 7 Stunden fernsehen
- 91 Stunden unter einer Energiesparlampe lesen

Aber woher stammt dieser Strom? Heute wird immer noch rund die Hälfte der Energie, die bei uns aus der Steckdose kommt, aus fossilen Energieträgern hergestellt (siehe Grafik). Diese stammen zum Teil noch aus der Urzeit und haben sich über Millionen von Jahren aus Pflanzenteilen und Kleinstlebewesen gebildet.
Die Nutzung fossiler Energieträger wie Kohle, Erdgas und Erdöl belastet die Umwelt stark. Sie verhindert ein prima Klima vor allem, weil die Stoffe zur Energiegewinnung verbrannt werden. Dadurch wird der ganze Kohlenstoff, den der Boden über Millionen von Jahre gespeichert hat, mit einem Schlag in die Atmosphäre gepustet. Außerdem werden für die Gewinnung, den Transport und die Verarbeitung der fossilen Energieträger ganze Ökosysteme zerstört. Ein sorgsamer Umgang mit Energie ist deshalb nicht nur nötig, um endliche Ressourcen zu schonen. Wir leisten gleichzeitig einen Beitrag zum Klimaschutz, zum Wasserschutz, für die globale Gerechtigkeit und für unser eigenes Wohlbefinden.

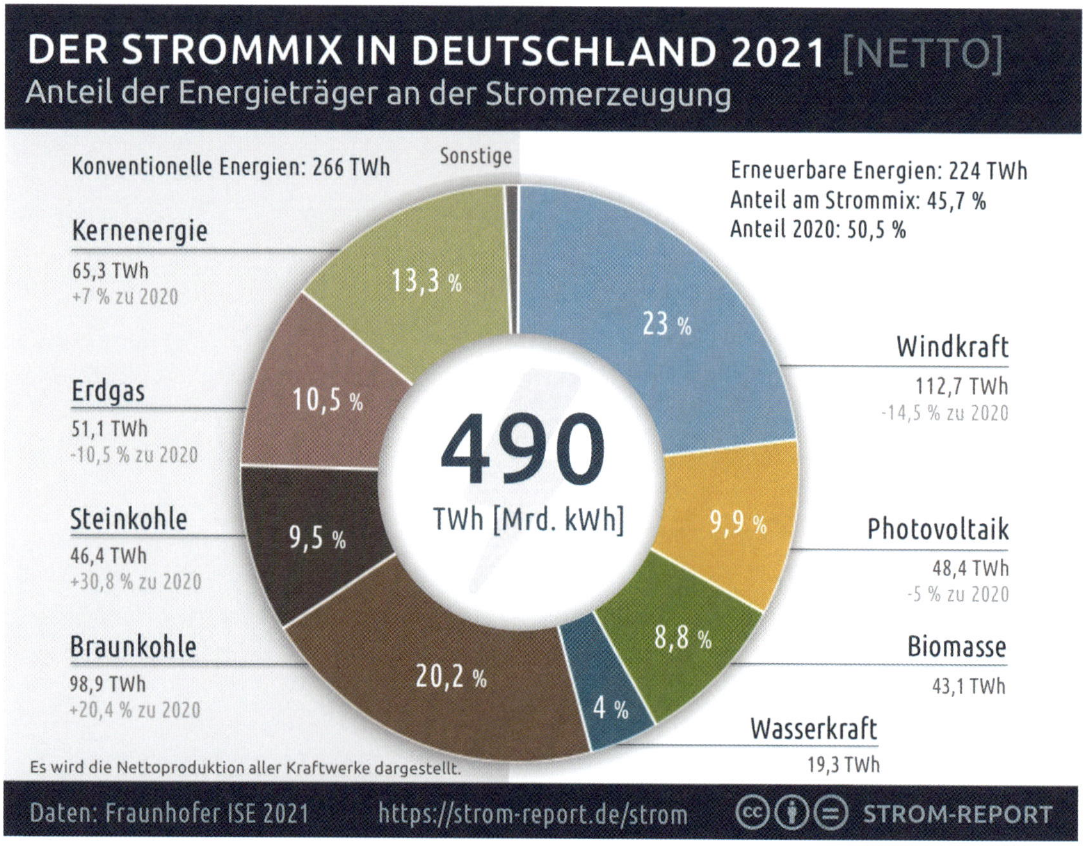

Energiefressern auf der Spur

Knips und aus – so lautet das Zauberwort der Zukunft. Machen Sie sich mit den Kindern auf die Suche nach Strom- und Energiefressern. Kennzeichnen Sie im ersten Schritt alle Dinge, die Strom oder andere Energie verbrauchen. Überlegen sie dann, worauf man achten muss, um energiefreundlich zu leben. Sammeln Sie konkrete Ideen, wie man die Energiefresser ersetzen könnte und welche Helfer es dafür gibt. Forschen Sie etwa nach Zugluft-Bereichen in der Kita: Wo bewegt sich die Luft stärker, wo weniger stark? Gestalten Sie mit den Kindern dann lustige „Zugluftstopper" aus alten Hosenbeinen für undichte Fenster und Türen. Oder ist es möglich, die Fenster und Türen professionell besser abzudichten? Welche Energiespar-Ideen haben die Kinder noch?

Energiespar-Ideen für die Kita und zu Hause

- beim Händewaschen und Zähneputzen das Wasser nicht laufen lassen
- schmutziges Geschirr nicht unter fließendem Wasser spülen
- stoßlüften statt dauerhaft gekippter Fenster
- Pullover anziehen statt Heizung aufdrehen (in der Kita: 21 bis 22 °C im Aufenthaltsraum, im Schlafraum genügen 18 °C, im Büro und Pausenraum 20 bis 21 °C und im Wickelbereich 24 °C)
- duschen statt baden (ein Vollbad verbraucht dreimal mehr Energie als eine Dusche)
- Wäscheleine statt Trockner
- Geräte im Standby-Modus konsequent ausschalten, z. B. mit einer schaltbaren Steckerleiste

Ein Tag ohne Strom

„Habt ihr schon einmal einen Stromausfall erlebt? Was passiert da? Worauf müssen wir verzichten, welche Geräte funktionieren nicht mehr?" Sammeln Sie mit den Kindern Aufgaben, die man im Kita-Alltag mit und ohne den Einsatz von Strom erledigen kann. Spielen Sie diesen Versuch mit den Kindern zuerst in Gedanken durch. Probieren Sie dann auch wirklich einen „Tag ohne Strom" aus (siehe Surftipp , S. 60).

Surf dich klimaschlau!
Praxistipps zum Tag ohne Strom in der Kita bietet das Klima-Kita-Netzwerk: **www.klima-kita-netzwerk.de**/praxistipps-zum-tag-ohne-strom-in-der-kita

Memo-Spiel: früher und heute

Wie haben die Menschen früher gelebt, als elektrische Geräte, Batterien und Steckdosen noch nicht selbstverständlich waren? Die Kinder können ihre (Ur-) Großeltern fragen, wie sie ihre Kindheit erlebt haben: Mit welchen Geräten wurden damals die Arbeiten im Alltag erledigt, was haben sie in ihrer Freizeit gemacht, welche Spiele haben sie gespielt? Gestalten Sie mit den Kindern ein besonderes Memo-Spiel: Jedes Kartenpaar zeigt ein elektrisches Gerät und das „stromlose" Gegenstück (z. B. Lampe/Kerze; Waschmaschine/Waschbrett; Handy/Brief). Vielleicht machen die Eltern oder Großeltern sogar ein Foto von einem Gerät, Werkzeug oder Spiel und ergänzen so die Memo-Karten.

Spielend ohne Strom

Videospielkonsole, Tablet, Handy, Fernsehgerät und Co. sind echte Energiefresser! Sie verbrauchen Strom und rauben uns Menschen Energie, wenn wir zu viel Zeit damit verbringen. Regen Sie die Kinder und Familien an, eine bestimmte Zeit ohne elektronische Spiele und vielleicht sogar ohne Fernsehen auszukommen. Welche Erfahrungen machen die Kinder und Familien dabei?

Lies dich klimaschlau!
Die Broschüre „Strom und Energie" aus dem „Haus der kleinen Forscher" enthält eine Vielzahl an Hintergrundwissen und Praxisideen rund um Strom und Energie: **www.haus-der-kleinen-forscher.de**/fileadmin/Redaktion/1_Forschen/Themen-Broschueren/Broschuere_Strom_Energie.pdf

6.2 Was sind erneuerbare Energien?

In Sonne, Wind, Wasser, Erdwärme und Biomasse steckt erneuerbare Energie. Erneuerbar heißen diese Energiequellen, weil sie uns von der Natur immer wieder zur Verfügung gestellt werden. Erneuerbare Energien verursachen weniger Umweltschäden, vor allem aber belasten sie die Atmosphäre nicht durch zusätzliche Treibhausgase.

- **Sonnenkollektoren:** Die Wärme der Sonne wird „gesammelt", um Wasser aufzuheizen. Wir können damit heiß duschen, Wäsche waschen und sogar heizen.
- **Photovoltaik:** Diese Anlagen bestehen aus Solarzellen. Sie können die Kraft der Sonne in Strom umwandeln.
- **Windkraft:** Schon seit Jahrhunderten wird die Kraft des Windes in Windmühlen genutzt, um Getreide zu mahlen und Holz zu sägen. Heute liefern moderne Windräder aus Stahlbeton einen Teil des Stromes, der zu Hause aus der Steckdose kommt.
- **Wasserkraft:** Auch die Kraft des Wassers nutzen Menschen schon sehr lange. Früher wurden z. B. Getreidemühlen und Hammerschmieden mit Wasserkraft betrieben. Heute sehen Wasserkraftwerke ganz anders aus: Sie sind oft sehr groß und liegen an breiten Flüssen oder Staudämmen. Durch die Wasserkraft drehen sich die Schaufelräder großer Turbinen, die dann einen Generator antreiben. Dieser wandelt die Bewegungsenergie in Strom um. Ein Gezeitenkraftwerk nutzt die Energie des sich ändernden Wasserspiegels bei Ebbe und Flut.
- **Erdwärme:** Wir nutzen die Wärme der Erde, um warmes Wasser und sogar Strom zu erzeugen.
- **Biomasse und Biogasanlagen:** Biomasse nennt man pflanzliche und tierische (Rest-)Stoffe wie Holz, Stroh, Essensreste oder Kuhfladen. Wenn diese Materialien oder deren Gase verbrannt werden, wird Energie frei.

Infos für Träger

Kitas und andere öffentliche Einrichtungen haben einen hohen Energiebedarf. Energieeffiziente Gebäude sind daher mit Blick auf die Klimaschutz-Ziele ein entscheidender Faktor für Einsparungen. Nehmen Sie mit Ihrem Kita-Träger sowohl den baulichen Zustand als auch die Gebäudetechnik in den Blick, um den CO_2-Ausstoß zu senken. Das verbessert nicht nur die Energiebilanz, sondern senkt auch Kosten. Klimaschutzmanager und -managerinnen können Sie dabei unterstützen, Mängel sichtbar zu machen und geeignete Maßnahmen einzuleiten.

Weitere Infos unter: https://klima-kita-netzwerk.de/unsere-angebote/infos-fuer-traeger/gebaeudesanierung-und-effiziente-energienutzung/

Energie-Experimente

Was spüren wir, wenn wir unsere Hände schnell aneinanderreiben? (Bewegungsenergie wandelt sich in Wärmeenergie.) Was passiert, wenn wir mit einem Wollhandschuh oder einem Stück Filz immer in derselben Richtung über einen aufgeblasenen Luftballon reiben und langsam unsere Hand heben? (Er „klebt" fest.) Und warum steigen dir die Haare zu Berge, wenn du mit dem Luftballon über sie reibst? (Wegen der elektrostatischen Aufladung.) Durch kleine Experimente können Sie mit den Kindern Energie in unterschiedlichen Formen sichtbar und spürbar machen. Auch eine Zitronen- oder Kartoffelbatterie lässt sich ganz leicht herstellen.

Energie aus der Kraft der Natur

Überlegen Sie gemeinsam mit den Kindern, ob sie schon erneuerbare Energiequellen gesehen haben, wie z. B. Windräder, Photovoltaikanlagen, Wasserkraftwerke oder Biogasanlagen. Wie funktionieren sie? Um ihrer Funktionsweise auf die Spur zu kommen, bauen Sie gemeinsam kleine, einfache Modelle nach. Wasserräder und Windräder entstehen leicht aus Recyclingmaterial (Joghurtbecher, Teelichter, Plastiklöffel). Oder bauen Sie für den Sommer eine Solardusche. Dafür benötigen Sie nur einen schwarzen, mit Wasser gefüllten Schlauch. Legen Sie ihn in die Sonne, erwärmt sich Wasser spürbar. Aber Vorsicht: Das Wasser kann sehr heiß werden!

Welt-Ausstellung im Dunkeln

Deutschland stand in der Liste der größten Energieverbraucher der Welt 2019 an siebter Stelle (vgl. Weltenergierat Deutschland 2022). Mehr als ein Viertel der Energie verbrauchen Privatpersonen in den eigenen vier Wänden (vgl. Umweltbundesamt 2022): Wir heizen, knipsen das Licht an, kochen, waschen Wäsche, sehen fern oder hören Musik, föhnen uns die Haare und telefonieren. Meistens ist uns dabei gar nicht bewusst, dass wir gerade Energie nutzen.

Wie gehen Menschen in anderen Ländern der Welt mit Energie um? Wofür brauchen sie Energie und welche Art von Energie verwenden sie? Wie kocht man in manchen Regionen Afrikas? Welche Fortbewegungsmittel nutzen Menschen in der mongolischen Steppe oder in Grönland, welche in Peking? Fotos und kurze Filme geben Einblicke, wie Menschen in reichen Industrieländern und Menschen im Globalen Süden oder in den Polarregionen mit Energie umgehen. Im Anschluss erstellen Sie mit den Kindern in der Kita eine kleine Welt-Ausstellung, in der die Familien in einem abgedunkelten Raum mit einer Taschenlampe (zum Kurbeln) herumgehen können (siehe Surftipp).

Surf dich klimaschlau!

Die Energie-Ausstellung „Auf kleiner Flamme" von Misereor zeigt die Energiearmut und den Energiereichtum auf der Welt. Begleitmaterial und Fotos bieten Inspiration für die eigene Auseinandersetzung mit dem Thema: **www.misereor.de**/mitmachen/ausstellungen/ausstellung-auf-kleiner-flamme

7. Ernährung – prima Klima auf dem Teller

Unsere Ernährung hat einen großen Einfluss aufs Klima: Kühe pupsen, Lebensmittel reisen um die Welt, Regenwald wird für Weideflächen oder den Anbau von Futtermittel abgeholzt. In der Landwirtschaft werden überall auf der Welt Dünger und Methoden eingesetzt, die dem Klima einheizen. So hängen etwa in Deutschland rund 25 bis 30 Prozent der klimaschädlichen Treibhausgas-Emissionen mit unserem Essen zusammen. Darum können wir mit kleinen und großen Veränderungen auf unserem Speiseplan viel bewirken. Gleichzeitig wirkt die Klimakrise auf die Produktion von Nahrungsmitteln. Die zunehmenden Extrem-Wetterereignisse wie Stürme, Überschwemmungen, Trockenheit, Dürre und Schädlinge vernichten zunehmend die Ernte bzw. machen die Produktion von Lebensmitteln immer schwieriger. Die Klimakrise und ihre Folgen wirken sich auch auf den Fischfang aus, auf die Qualität der Böden und die biologische Vielfalt insgesamt.

Lies dich klimaschlau!
Karin Wirnsberger (2021): Ein Blick über den Tellerrand. Nachhaltiges Essen & Trinken in der Kita. Freiburg: Herder.

7.1 Klimafreundlich und gesund essen

Es gibt viele Möglichkeiten, klimafreundlich zu essen, einzukaufen oder sogar Lebensmittel selbst anzubauen. Erforschen Sie gemeinsam mit den Kindern, welche Lebensmittel und Getränke gut fürs Klima sind und warum. Folgende Kriterien spielen dabei eine Rolle:

- **Art der Lebensmittel: lieber pflanzlich als tierisch**
  Tierische Produkte, vor allem Rindfleisch und Milchprodukte, belasten das Klima und die Gesundheit. Rindfleisch ist ein richtiger Klimakiller: Ein Kilogramm davon verursacht ca. 16,7 Kilogramm an CO_2-Emissionen. Im Vergleich dazu erzeugt frisches,

regionales Freilandgemüse nur etwa 200 Gramm pro Kilo (siehe Grafik, S. 66).

- **Transportwege: regional und saisonal**
  Woher kommen die Lebensmittel, die wir essen? Und wie kommen sie zu uns in die Kita (Auto, Fahrrad, Bus ...)? Nahrungsmittel, die um die halbe Welt reisen, bevor sie auf unserem Teller landen, tun dem Klima nicht gut. Statt Erdbeeren im Winter schmecken dem Klima regionale und saisonale Produkte – vor allem, wenn sie unter freiem Himmel gewachsen sind. Gestalten Sie gemeinsam mit den Kindern einen eigenen Saisonkalender und erkunden Sie, welche Lebensmittel in der Region angebaut und produziert werden.
- **Anbau von Lebensmitteln: bio oder konventionell?**
  Bei welchen Lebensmitteln in der Kita sind Pflanzenschutzmittel und Dünger zum Einsatz gekommen? Welche kann man problemlos aus ökologischer Landwirtschaft ersetzen? Was bio bedeutet, können die Kinder auch selbst erleben: Bauen Sie mit ihnen selbst Lebensmittel an: Kräuter auf der Fensterbank, Gemüse im Hochbeet oder Kartoffeln auf dem Acker.
- **Produktion von Lebensmitteln: Verarbeitung und Verpackung**
  In Fertiggerichten und hoch verarbeiteten Lebensmitteln steckt viel Energie. Auch die Verpackungen belasten das Klima. Wo können wir auf sie verzichten oder Plastik und Einmalverpackungen ersetzen?
- **Umgang mit Lebensmitteln: Lebensmittelverschwendung**
  Lebensmittel sind zu schade für die Tonne (siehe Kapitel 7.3)!

Klimafrühstück

Genießen Sie mit den Kindern nicht nur ein gesundes, sondern ein klimafreundliches Frühstück. Nehmen Sie dazu gemeinsam die Klimabilanz der Lebensmittel unter die Lupe und stellen Sie bewusst eine Auswahl an Leckerbissen zusammen, die auch dem Klima schmecken. Welche Obst- und Gemüsesorten haben gerade Saison? Welche Produkte gibt es bei uns in der Region? Verzichten Sie bewusst auf tierische Produkte (Wurst, Käse, Milchprodukte, Eier) und probieren Sie vegane Alternativen aus. Steht die Einkaufsliste, können Sie sich – möglichst zu Fuß – auf den Weg machen. Besuchen Sie einen Wochenmarkt in der Nähe oder einen Unverpackt-Laden. Einkaufskorb, Stofftaschen, Leiterwagen oder Rucksack nicht vergessen!

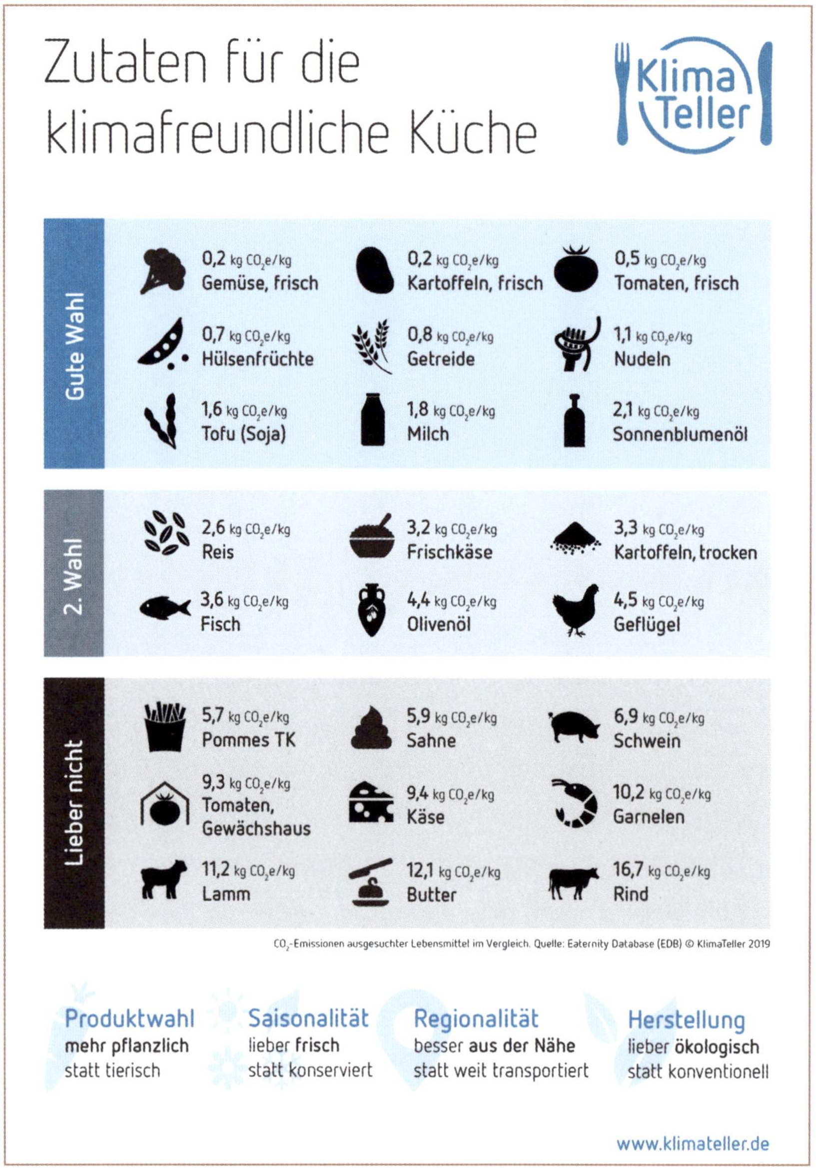

Quelle: NAHhaft e. V./KlimaTeller (2020)
https://www.klimateller.de/zutaten-fuer-die-klimafreundliche-kueche/

Kita-Essen auf dem Klimateller

Die KlimaTeller-App (www.klimateller.de) bietet die Möglichkeit, um tägliche Mahlzeiten in der Kita unter die Lupe zu nehmen. Gibt man die Rezeptzutaten und ihre Menge ein, ermittelt sie die CO_2-Bilanz von Gerichten. Sind die Emissionen sehr hoch, können die Zutaten mit schlechter Klimabilanz durch klimafreundlichere ersetzt werden. Welches (klimafreundliche) Gericht schmeckt den Kindern besonders gut? Haben sie Ideen, wie man Gerichte mit schlechter Klimabilanz abändern könnte? Mit etwas Kreativität und leckeren Rezeptdatenbanken wird aus einer klassischen Bolognesesoße z. B. schnell eine Linsenbolognese.

Planetary Health Diet

Ein Forschungsteam der renommierten EAT-Lancet-Kommission hat einen Speiseplan für eine gesunde und nachhaltige Ernährung entwickelt und vorgestellt (vgl. EAT 2019). Der Report zeigt, dass es machbar ist, bis zum Jahr 2050 etwa 10 Milliarden Menschen auf der Erde gesund zu ernähren, ohne den Planeten zu zerstören:

- Wir müssen ungefähr doppelt so viel Obst und Gemüse, Hülsenfrüchte und Nüsse essen und dafür nur halb so viel Fleisch und Zucker.
- Die Lebensmittelproduktion muss verändert bzw. verbessert werden hin zu einer nachhaltigen Landwirtschaft.
- Wir müssen die Lebensmittelabfälle reduzieren.

Quelle: eatforum
(siehe auch: www.eatforum.org; https://eatforum.org/eat-lancet-commission/eat-lancet-commission-summary-report/)

Elternaktion: gesund Essen für den Planeten

Gesunde Ernährung ist kein neues Thema für pädagogische Fachkräfte. Seit vielen Jahren erklären sie, was und wie viel Essen und Trinken Kinder zum Wachsen brauchen. Für ein prima Klima bekommt Ernährungsbildung jedoch eine zusätzliche Komponente: Welche Mahlzeit ist auch gesund fürs Klima? Zum Glück stehen sich eine gesunde Ernährung für Kinder und den Planeten nicht entgegen. Im Gegenteil: Regionales Gemüse, wenig Fleisch, wenig Zucker und gute pflanzliche Fette und Proteine tun Mensch und Natur gut.

Gestalten Sie Elternabende zum Thema gesunde Ernährung und Kochaktionen. Was bedeutet „Planetary Health Diet", was sind gesunde und klimafreundliche Lebensmittel? Statt mit Verboten zu arbeiten, sollten Sie sinnvolle und leckere Alternativen für tierische Fette oder Erdbeeren im Winter aufzeigen. Auch die Klassiker – Ernährungspyramide und Ernährungskreis – können bei der Elternarbeit zum Einsatz kommen. Achten Sie jedoch darauf, dass die verwendeten Materialien den aktuellen Ernährungsempfehlungen entsprechen. Prüfen Sie besonders, ob Nüsse und Hülsenfrüchte auf den Ernährungsmodellen sichtbar sind. Für eine ausgewogene und klimabewusste Ernährung spielen gerade diese beiden Lebensmittelgruppen eine große Rolle. Thematisieren Sie bei dieser Gelegenheit auch, wie die Lebensmittel klimafreundlich verpackt werden können.

Surf dich klimaschlau!

Das Team vom Verein „Restlos Glücklich" hat die Lebensmittelpyramide für Kinder in einen Lebensmittelbaum verwandelt. Vorlagen dazu mit einem Erklärvideo und weitere Materialien gibt es unter: **www.restlos-gluecklich.berlin**/kitaprojekt/digitalekruemelkiste

7.2 Pflanzenpower

Immer mehr Kitas setzen auf eine vollwertige vegetarische Ernährung mit einem großen Anteil an frischen Bio-Lebensmitteln. Das freut das Klima! Denn der Verzicht auf Fleisch und Fisch und die Reduktion von tierischen Lebensmitteln verursacht weniger CO_2-Emissionen, verbraucht weniger Fläche, Wasser und andere Ressourcen. Aber nicht nur Klima-Gründe sprechen für eine pflanzenbasierte Ernährung:

- Eine vollwertige, vegetarische Ernährung ist gesund und beugt Krankheiten vor: Menschen, die sich vegetarisch ernähren, sind seltener übergewichtig und haben damit ein geringeres Diabetes-Risiko, seltener Bluthochdruck oder Herzprobleme.
- Da das Ernährungsverhalten maßgeblich in der frühen Kindheit geprägt wird, kann eine ausgewogene vegetarische Kost in der Kita dazu beitragen, auch im späteren Leben einen gesunden Ernährungsstil beizubehalten, und neue Geschmäcker fördern.
- Eine vegetarische Küche ist – gut geplant – kostengünstiger. Es gibt sogar bereits biozertifizierte Kita-Küchen, die die Vollverpflegung ihrer Kinder zu ganz normalen Preisen anbieten können.
- Vegetarische Kost erleichtert es, unterschiedliche kulturelle oder religiöse Ernährungsregeln zu beachten. Außerdem sind die Auflagen des Gesundheitsamts für Kita-Küchen, die Fleischgerichte anbieten, wesentlich strenger.

Wenn sich Kitas bewusst für eine pflanzenbasierte Verpflegung entscheiden, sollten sich die Verantwortlichen zuvor mit dem Thema gesunde Ernährung auseinandersetzen, am besten gemeinsam mit den Eltern. Der „Qualitätsstandard für die Verpflegung in Kitas" der Deutschen Gesellschaft für Ernährung bietet dafür eine gute Orientierung (vgl. DGE 2020). Von einer rein veganen Ernährung für Kinder rät die DGE derzeit an.

Vegetarische Pyramide

Vergleichen Sie mit den Kindern die klassische Lebensmittelpyramide inklusive Fleisch, Fisch und Wurst mit der Lebensmittelpyramide für eine vegetarische Ernährung. Was fällt den Kindern auf? Fehlen in der Pyramide Lebensmittel, die die Kinder kennen? Nehmen Sie dann gemeinsam den eigenen täglichen Speisplan unter die Lupe. Welche pflanzlichen Lebensmittel essen die Mädchen und Jungen gerne? Was ist gesund und was nicht? Sammeln Sie Ideen für eine abwechslungsreiche und gesunde Gemüsekost, die den Kindern und dem Planeten guttut.

Lies dich klimaschlau!
„Gesund und nachhaltig kochen in der Kita" von Silvia Popp zeigt, wie die Umstellung auf eine vollwertige, biologische und vegetarische Verpflegung in der Kita gelingt. Mit über 100 Lieblingsrezepten! Bestellbar unter: **https://gesund-kochen-in-der-kita.de**

Nüsse und Hülsenfrüchte erleben

Erbsen und grüne Bohnen kennt jedes Kind. Aber wer erkennt Kidneybohnen, Sojabohnen, Ackerbohnen, Feuerbohnen, Wachsbohnen? Welches Kind hatte schon einmal Linsen oder Kichererbsen auf dem Teller? Auch bei Nüssen und Kernen gibt es eine große Vielfalt. Wie viele können die Mädchen und Jungen aufzählen? Nüsse und Hülsenfrüchte sind nicht nur für eine vegetarische Ernährung essenziell, sie bieten auch spannende Anlässe für die Bildungsarbeit. Machen Sie Nüsse und Hülsenfrüchte für die Kinder mit allen Sinnen erlebbar: Welches Kind kann im Fühlsäckchen Haselnüsse, Walnüsse oder Cashews ertasten? Bestimmt finden Sie im Herbst auch einen Haselnussstrauch oder Walnussbaum, bei dem ältere Kinder die Nuss ernten und knacken können (Verzehr für Kinder unter 4 Jahre wegen Verschluckungsgefahr nicht geeignet). Die Schale der Walnuss eignet sich besonders für Bastelaktionen.

7.3 Zu gut für die Tonne

In Deutschland werden jedes Jahr 18 Millionen Tonnen Lebensmittel weggeworfen. Die größten Verluste entstehen nicht auf dem Feld, beim Transport oder beim Händler, sondern bei uns zu Hause. Fast 40 Prozent davon landen in den Mülleimern der Privat-Haushalte: Allein hier werden 81 Kilogramm pro Person pro Jahr weggeworfen (vgl. Ernährungsberatung RLP 2020).
Doch Lebensmittel sind zu gut für die Tonne! Wir wissen viel zu wenig über unser Essen und Trinken und über die Arbeit und Ressourcen, die darin stecken. Statt

uns mit den Auswirkungen der Produktion auf das Klima oder auf das Leben der Menschen auseinanderzusetzen, bestimmen der schnelle Griff ins Supermarktregal und Fertig-Mahlzeiten unseren Alltag. So verlieren wir den Bezug zu Lebensmitteln. Hier kann die Kita gezielt Impulse setzen. Gehen Sie mit den Kindern auf die Suche nach der Herkunft der Lebensmittel und nehmen Sie die Lebensmittelverschwendung genauer unter die Lupe.

Prima-Klima-Fragen
Gemeinsam fragen wir uns, welche Reise z. B. der weggeworfene Reis hinter sich hat. Aus welchem Land kommt er? Wie ist er gewachsen? Wer hat ihn geerntet? Wie ist er zu uns gekommen? Welche Ressourcen stecken darin? Was passiert mit dem Reis, nachdem wir ihn weggeworfen haben?

Lebensmittel retten

Beginnen Sie mit einem kritischen Blick in die Vesperdosen, auf das Frühstücksbüfett oder in den Resteeimer nach dem Mittagessen. Was bleibt übrig und warum? Was passiert damit? Kann man die Reste – unter Einhaltung der Hygieneregeln – noch verwenden? Sammeln Sie Ideen zur Lebensmittelrettung und gestalten Sie gemeinsam ein Plakat dazu. Wie kann man vermeiden, dass Essen in der Tonne landet (z. B.: leckerere Gerichte, Portionsgrößen mit einem kleineren Schöpflöffel an den Hunger anpassen, Reste für die Fachkräfte einpacken)? Oder können Teile der Lebensmittel sogar gespendet werden? Was es bei alledem (rechtlich) zu bedenken gilt, können Sie dem Surftipp entnehmen. Tolle Materialien gegen Lebensmittelverschwendung bietet auch das Projekt „Bis auf den letzten Krümel" (siehe Surftipp, S. 68).

Surf dich klimaschlau!
Die Initiative „Zu gut für die Tonne!" nennt Ideen gegen Lebensmittelverschwendung in Kitas und klärt auf, was Fachkräfte dabei rechtlich, hygienisch und logistisch bedenken müssen:
www.zugutfuerdietonne.de/blog/schwerpunkt/kitas-und-schulen-gegen-lebensmittelverschwendung

Lebensmittelexperimente

Wie lagert man Lebensmittel richtig? Experimentieren Sie mit den Kindern:

- Was passiert mit der Banane, wenn der Apfel danebenliegt?
- Wie hält die geschnittene Petersilie länger: in einem Glas mit Wasser oder in Papier eingewickelt im Kühlschrank?
- Wie kann man einen welken Salat wieder knackig bekommen?

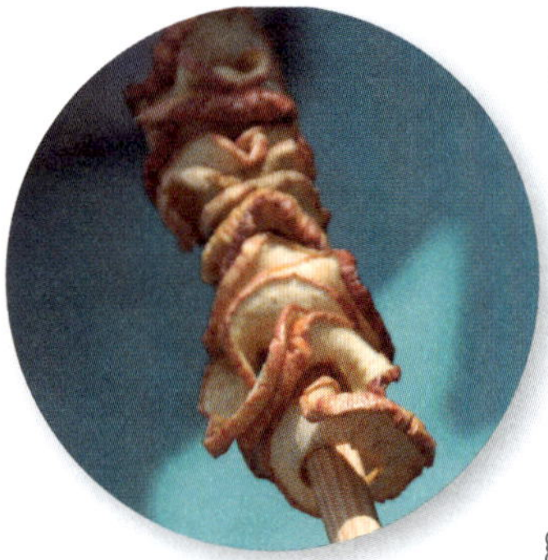

Küchenprofis: Lebensmittel haltbar machen

Wie kann man Lebensmittel haltbar machen? Inspiration können Sie sich aus aller Welt holen. Wie machen Menschen in anderen Regionen der Erde ihre Lebensmittel haltbar, z. B. indigene Volksgruppen in Grönland? Wie konnten Menschen früher, als es noch keinen Storm gab, im Winter Obst und Gemüse essen? Probieren Sie unterschiedliche Techniken aus:

- einkochen und einlegen (Marmelade, Obst, Gemüse)
- Saft machen (pressen, entsaften)
- dörren und trocknen
- einfrieren
- einpflanzen oder weiterwachsen lassen („Regrow")
- pökeln

„Regrow" – Gemüse nachwachsen lassen

Retten Sie mit den Kindern Gemüsereste und altes Obst vor der Mülltonne! Lassen Sie aus den Resten neue Lebensmittel wachsen, z. B. auf der Fensterbank. Regrowing spart nicht nur Geld und Ressourcen, sondern macht auch Spaß. Ganz einfach gelingt es etwa mit Frühlingszwiebeln, Lauch und Salat (Pak Choi). Auch Karotten und Fenchel bringt man gut zum Sprießen.

Rumfort-Kochbuch

Gestalten Sie mit den Kindern und Familien gemeinsam ein Rumfort-Kochbuch: Als Hauptzutaten der Gerichte kommen die Lebensmittel in die Pfanne oder den Ofen, die RUMstehen und FORTmüssen, z. B. altes Brot für Brotchips, verschrumpelte Äpfel für einen Apple Crumble oder überreife Bananen für ein Bananenbrot.

8. Mobilität – alles ist in Bewegung

„Mobilität" heißt so viel wie „Beweglichkeit". Alle sind jeden Tag unterwegs: Eltern gehen zur Arbeit und zum Einkaufen, Kinder gehen in den Kindergarten, zu ihren Hobbys oder besuchen Oma und Opa. Und alle zusammen fahren in den Urlaub. Das Auto ist dabei nicht mehr wegzudenken. Auch Kita-Kinder haben dieses omnipräsente Fortbewegungsmittel bereits verinnerlicht. So ist „Auto" bei vielen eines der ersten Worte und eines der beliebtesten Spielzeuge. Vom Holzauto über die Rennbahn bis hin zum Rutschauto findet es sich in fast jedem Kinderzimmer. Kein Wunder also, dass das Elterntaxi eines der wichtigsten Fortbewegungsmittel ist. Es gibt viele Gründe, das zu ändern:

- Mit jeder Strecke, die wir zu Fuß, mit dem Fahrrad oder Roller zurücklegen, tun wir etwas für unsere Gesundheit.
- Kindern lernen die Welt sonst nur aus der „Autoscheiben-Perspektive" kennen – das schränkt die Wahrnehmung und das Erleben stark ein.
- Mit Blick auf die vielen Staus ist man ohne Auto manchmal sogar schneller und entspannter unterwegs.
- Ein Großteil der Autos zählen eher zu den „Stehzeugen" als zu den „Fahrzeugen". Die meiste Zeit sind sie geparkt und brauchen Platz, den Kinder sonst zum Spielen nutzen könnten.
- Durch steigende Energiepreise wird der Geldbeutel beim Verzicht aufs Auto geschont.

Das wichtigste Argument für eine Mobilitätswende lautet jedoch: Klimaschutz. Der Verkehrssektor ist für rund 20 Prozent der Treibhausgase verantwortlich und hat damit einen sehr großen Einfluss auf das Klima. Möchten wir die starke Erderhitzung aufhalten, müssen wir umdenken und unser Mobilitätsverhalten ändern.

8.1 Fortbewegungsmitteln auf der Spur

Das Ziel von Mobilitätsbildung in der Kita besteht darin, den Blick auf die Fortbewegung im Allgemeinen und auf die Vielfalt der Fortbewegungsmittel bei uns und in anderen Kulturen der Welt zu richten. Das gelingt am besten mit vielen wiederkehrenden Aktionen und fest verankerten Aktivitäten im Kita-Alltag. Nehmen Sie unterschiedliche Fortbewegungsarten in den Blick. Auch Eltern, die direkte Umgebung der Kita und der Träger können und sollten für das Thema Mobilität mit im Boot sein.

Prima-Klima-Fragen

- Wie bist du heute zur Kita gekommen?
- Wie kommen Kinder in anderen Ländern der Welt in die Kita oder in die Schule?
- Welche Reisegeschichte kann dein T-Shirt erzählen?

Bewegungsspiel durch die Stadt

Unternehmen Sie als Einstieg ins Thema Mobilität mit den Kindern einen gedanklichen Ausflug. Es geht in den Zoo oder ins Theater. Was erleben sie wohl auf ihrem Weg? Welche Verkehrsmittel nutzen sie? Dazu sitzen die Kinder im Kreis. Die Fachkraft beginnt nach dem Vorbild des bekannten Spiels „Löwenjagd": „Wir wollen heute einen Löwen sehen und gehen in den Zoo. Wir haben keine Angst!" Dabei klopft sie mit ihren Händen auf ihre Oberschenkel. Die Kinder machen mit und wiederholen die Sätze der Fachkraft. Der Weg führt sie durch die Großstadt mit verschiedenen Fortbewegungsmitteln und Verkehrssituationen. Zum Beispiel: „Huch, was ist denn das? Ein Löwe? Nein, da bimmelt nur die Straßenbahn. Wir steigen ein und weiter geht's!" oder „Huch, was ist denn das? Ein Löwe? Nein, sauuusss, ein Fahrrad biegt um die Ecke. Wir weichen aus und weiter geht's!" Dabei unterstreicht die Fachkraft die Erlebnisse mit den Fahrzeugen gestisch und mimisch.

Surf dich klimaschlau!

Das Münchner Projekt „Bambini-Box" bietet neben Praxismaterialien zum Ausleihen auch Materialien zum Download zum Thema „Bewegt in die Zukunft" an: **www.oekoprojekt-mobilspiel.de**/themen-aktionen/mobilitaet/bambini-bewegt-in-die-zukunft

Kommen Sie nach dem Spiel mit den Kindern ins Gespräch über ihr Unterwegssein, ihren Blick auf die Straße und den Verkehr. Nach dem Gedankenexperiment geht es natürlich auch wirklich in die Stadt. Sind die Kinder schon mal mit dem Bus, einer Straßenbahn oder dem Zug gefahren? Probieren Sie es aus und machen Sie das Unterwegssein zum Erlebnis.

Wolkenbild

Wie können wir mobil sein und dabei möglichst wenig CO_2 in die Luft blasen? Welche Arten der Fortbewegung belasten die Umwelt am wenigsten? Je nach Emissionen können die Kinder den Fahrzeugen verschieden große CO_2-Wolken zuordnen und ein großes Mobilitäts-Plakat gestalten. Je nach Berechnungsart zum Beispiel:

- Blumen: Fahrrad, Roller, Rutschauto, Ruderboot
- kleine Wolke: E-Bike, E-Auto, E-Scooter, Straßenbahn
- mittlere Wolke: Zug, Bus
- große Wolke: Mofa, Motorroller, Motorrad
- sehr große Wolke: Auto
- riesige Wolken: Flugzeug, Kreuzfahrtschiff, Containerschiff

Verkehrsexperten und -expertinnen

Was fällt den Kindern auf dem Weg zur Kita beim Verkehr auf? Wie sicher fühlen sie sich? Ist der Parkplatz vor der Kita übersichtlich? Wo fehlt ein Zebrastreifen, wo ist der Gehweg zugeparkt oder fahren die Autos besonders schnell? Kinder blicken aus einer anderen Blickhöhe und Perspektive auf die Straße und nehmen Gefahren anders wahr als wir. Daher ist es wichtig, die Mädchen und Jungen einzubinden, wenn es darum geht, den Verkehrsraum um die Kita herum kinderfreundlich und sicher zu gestalten. Haben die Kinder Ideen gesammelt, laden Sie den Träger und eine politisch verantwortliche Person (z. B. Bürgermeister oder Bürgermeisterin) zu einem Besuch ein.

Parking Day

Der Park(ing) Day ist ein Experiment, das weltweit am dritten Freitag im September stattfindet. Kunstschaffende, Umwelt-Aktivisten und -Aktivistinnen oder ganz normale Bürger und Bürgerinnen verwandeln einen abgegrenzten Parkplatz kurzzeitig in einen öffentlichen „Park" (Link S. 76).

Damit zeigen sie auf, wie Verkehrsflächen anders genutzt werden können, und stellen infrage, wie viel Fläche dem Autoverkehr eingeräumt wird. Machen Sie als Kita mit oder greifen Sie diese Idee auf: Gestalten Sie mit den Kindern einen Parkplatz vor der Kita nach den Vorstellungen der Kinder (siehe Surftipp).

Infos für Träger

Um klimafreundlich mobil sein zu können, brauchen Kinder die Unterstützung von den Eltern, den pädagogischen Fachkräften und dem Träger. In der Handreichung „Kitas klimafreundlich mobil" stellt das Klima-Kita-Netzwerk für Träger verschiedene Möglichkeiten vor, wie eine klimafreundliche Mobilität gefördert werden kann. Stimmen die Rahmenbedingungen, tragen sie dazu bei, dass Kita-Kinder, Eltern und Mitarbeitende die Verkehrsmittel des sogenannten „Umweltverbundes" stärker nutzen und das Auto auch mal stehen lassen. Die Handreichung geht auf eine entsprechende Gestaltung der Umgebung ein, auf bauliche Maßnahmen und eine gute Mobilitätsbildung. Zusätzlich beinhaltet sie Informationen zu Angeboten für Mitarbeitende, wie z. B. das Jobrad.

Link: https://klima-kita-netzwerk.de/unsere-angebote/ (→ Infos für Träger)

Die Mobilität der Dinge

Mobilität bedeutet nicht nur, dass wir ins Auto, in den Bus oder aufs Fahrrad steigen. Wir bewegen uns auch indirekt, nämlich indem wir Früchte und Lebensmittel von nah und fern essen, die zum Supermarkt in der Nähe transportiert werden müssen. Auch wenn wir uns in der Kita oder unserem Zuhause umsehen, werden wir viele Dinge entdecken, auf denen „Made in China" steht oder die im schwedischen Möbelhaus ergattert wurden. Nicht nur wir Menschen sind also mobil – auch unser Essen und all die Dinge, die wir tagtäglich verwenden, sind wahre Weltenbummler. Verfolgen Sie deshalb mit den Kindern die Spuren unserer Lebensmittel und der Dinge, die uns umgeben oder die den Kindern wichtig sind, wie z. B. Spielsachen. Wie werden diese Dinge transportiert?

Surf dich klimaschlau!

Eine Schritt-für-Schritt-Anleitung und Antworten zu rechtlichen Fragen für den Park(ing) Day finden Sie auf: **www.strasse-zurueckerobern.de/** anleitungen/parking-day/

8.2 Klimafreundlich unterwegs

In unserem Alltag nutzen wir unterschiedliche Möglichkeiten der Fortbewegung. Wir laufen, rennen, joggen, fahren mit dem Rad, mit dem Roller, mit dem Auto, mit dem Zug, wir bewegen uns in Flugzeugen und auf Schiffen. Wir Menschen sind heute also sehr mobil – jedoch meist, ohne uns zu bewegen. Wir kommen eher sitzend von einem Ort zum anderen. Denn für einen Großteil der Wege nutzen wir motorisierte Fahrzeuge. Dabei stoßen wir große Mengen an dem Treibhausgas CO_2 aus. Eltern, Fachkräfte und Kinder können aktive Schritte gehen, um das zu ändern.

Bus auf Beinen

Kinder in der ganzen Welt gehen jeden Morgen zur Schule oder in den Kindergarten. Jeder dieser Wege steckt voller kleiner Abenteuer. Laden Sie die Kinder darum ein, von ihrem Weg zu erzählen, und lassen Sie sich bei einem gemeinsamen Spaziergang die Schätze am Wegesrand zeigen.
Wie kommen die Kita-Kinder in die Einrichtung und wieder nach Hause? Am besten gemeinsam und klimafreundlich! Beim „Bus mit Füßen", der z. B. in München umgesetzt wird, handelt es sich um eine organisierte Schulwegbegleitung (vgl. Green City o. J.). Doch was für die Schule funktioniert, gelingt auch in der Kita. Am verabredeten Treffpunkt werden die Kinder von einem Elternteil abgeholt und zur Einrichtung begleitet. Die Aktion lässt sich spielerisch erweitern: Möchte ein Kind den Bus fahren und ein anderes die Fahrkarten kontrollieren?

Schritte schätzen und zählen

Wer geht gerne zu Fuß? Kinder und Familien können mit einem Schrittzähler oder einer App herausfinden, wer in der Familie die meisten Schritte läuft. Spannend ist es, vorher zu schätzen, wie viele Schritte jeder und jede von uns an einem Tag macht. Wer die meisten Schritte macht, ist der Schrittemeister, wer am besten geschätzt hat, ist die Schätzmeisterin.

Klimameilen sammeln

Im Rahmen der Kampagne „Kleine Klimaschützer unterwegs!" sammeln seit 2002 Schul- und Kindergartenkinder in ganz Europa jedes Jahr „Grüne Meilen" für Alltagswege, die klimaschonend zu Fuß, mit dem Roller oder Rad, per Bus oder Bahn zurückgelegt werden. Zur Kampagne gibt es eine Vielfalt an Materialien: Sammelhefte und Sticker zum Einkleben, Begleitmaterialien mit tollen Tipps, Beispiele aus der Praxis und vieles mehr (siehe Surftipp).

Stadtradeln

Immer mehr Kitas unterstützen ihre Kommune beim Stadtradeln. Dabei sollen 21 Tage lang möglichst viele Alltagswege klimafreundlich mit dem Fahrrad zurückgelegt werden. Welche Kommune hat am Ende die meisten Fahrradkilometer zurückgelegt? Falls Ihre Kommune noch nicht dabei ist, schreiben Sie einen Brief ans Rathaus. Auch ein Tag, an dem die Kinder mit allem, was Rollen hat (Fahrrad, Roller, Dreirad, Puppenwagen), in die Kita kommen, ist eine tolle Klima-Aktion (vgl. Leyendecker 2021).

Surf dich klimaschlau!

Infos und Materialien zum Meilensammeln gibt es auf: **www.kindermeilen.de**

Wie man beim Stadtradeln mitmachen kann, erfahren Sie auf: **www.stadtradeln.de**

9. Konsum & Abfall – weniger ist mehr

Schätzungsweise besitzt eine Person in Deutschland durchschnittlich rund 10.000 Gegenstände – und ständig kommen mehr dazu. In allen Dingen wie Kleidung, Spielzeug, Lebensmitteln stecken Energie, wertvolle Ressourcen und die Lebenszeit von Menschen. Außerdem entstehen auf ihrem Weg – von der Produktion über die Lagerung und den Transport bis zur Entsorgung – CO_2-Emissionen. Da wir insgesamt mehr Ressourcen verbrauchen, als der Planet Erde vertragen kann, belasten wir das Kima und unsere eigene Lebensgrundlage. Und für was? Die meisten Dinge benutzen wir nur sehr kurz und haben sie nach dem Kauf schnell wieder vergessen. Die zentrale Frage, die wir uns beim Einkaufen stellen müssen, lautet deshalb: „Brauche ich das wirklich?"

Prima-Klima-Fragen
- Machen Dinge glücklich?
- Wann ist genug?
- Wie macht Teilen und Tauschen Spaß?

9.1 Bewusst konsumieren

Denken wir um und probieren wir gemeinsam mit den Kindern neue Wege aus, können wir die Wegwerfgesellschaft in eine „Kultur des Genug" überführen. Die Kita ist ein idealer Ort, um kindliche Fantasie, Kreativität und gleichzeitig die Konsumkompetenz zu fördern und zu stärken. Das gelingt, indem Fachkräfte den Mädchen und Jungen den Zugang zu nachhaltigem Konsum ermöglichen und zusammen den bewussten Umgang mit Ressourcen auf unterschiedliche Art und Weise ausprobieren.

Nehmen Sie auf dem Weg zur „Kultur des Genug" sowohl Ihre Einrichtung als auch Gewohnheiten und Strukturen in den Blick. Reflektieren Sie im Team das Konsumverhalten: Wie spielen wir in der Kita? Wie feiern wir die Kindergeburtstage, Nikolaus oder Ostern? Welche Materialien verwenden wir z. B. im Kreativbereich? Wie feiern wir unsere Kita-Feste? Welche Geschenkkultur leben wir vor? Wie kaufen wir ein? Welche Rolle spielt Plastik in unserer Einrichtung? Verwenden wir Naturmaterialien?
Die in Kapitel 2.2 genannten fünf Nachhaltigkeitsstrategien bieten dafür eine gute Struktur:

- **Besser:** Achten Sie beim Spielzeugkauf auf Qualität und Langlebigkeit. Beispiele für Qualitäts- und Umweltsiegel sind „spiel gut", „der Blaue Engel", für Holz-Spielzeug „FSC" und für Textilien „Öko-Tex" oder besser „GOTS" und „IVN". Auch „Stiftung Warentest" und „Öko-Test" nehmen regelmäßig Spielzeuge unter die Lupe. Legen Sie zusätzlich Wert auf einen achtsamen Umgang mit den Dingen und leben Sie ihn den Kindern vor.
- **Anders:** Verwenden Sie zum Basteln Wertstoffe. Auch in der Natur findet sich tolles Bastel- und Spielmaterial (Steine, Blätter, Stöcke, Blüten). Planen Sie außerdem eine spielzeugfreie Zeit ein.
- **Weniger:** Tauschen und Teilen führt dazu, dass weniger Dinge neu gekauft werden.
- **Gerecht:** Aus welchem Land stammt das Spielzeug? Welche Hände haben es unter welchen Bedingungen hergestellt? Faires Spielzeug gibt es z. B. bei El Puente, EZA, GLOBO und WeltPartner.
- **Dauerhaft bleibend:** Verzichten Sie bei Festen und Geburtstagen auf gekaufte Geschenke und probieren Sie etwas Neues (Zeitgeschenk, Selbstgemachtes, Ritual). Auch die „6 R der Nachhaltigkeit" können als Richtschnur für einen umweltfreundlichen und konsumbewussten Kita-Alltag dienen: Reuse (wiederverwenden), Refuse (ablehnen), Rethink (umdenken), Reduce (reduzieren), Repair (reparieren), Recycle (wiederverwerten).

Lies dich klimaschlau!

Stiftung Haus der kleinen Forscher (2021): Konsum umdenken. Entdecken, spielen, selber machen. Kostenloser Download unter: **www.haus-der-kleinen-forscher.de/** fileadmin/Redaktion/1_Forschen/Themen-Broschueren/Broschuere_BNE_Konsum-umdenken.pdf

Britta Böger (2020): Kaufrausch, Klima und Klamotten. Leo und Polly Pop erklären Nachhaltigkeit. Kostenloser Download unter: **www.umweltbundesamt.de/** publikationen/kaufrausch-klima-klamotten

Bei vielen Aktivitäten rund um das Thema Konsum können Sie außerdem die Familien einbinden. Sicher organisieren Eltern gerne einen Kita-Flohmarkt oder unterstützen die Kita mit ihren Kompetenzen bei der Reparaturwerkstatt.

Tauschen und Teilen

In der Kita und jeder Familie gibt es Kleidungsstücke, Bücher und Spielsachen, die nicht mehr verwendet werden und unbenutzt in der Ecke liegen. Überlegen Sie gemeinsam mit den Kindern, welches Spielzeug sie wirklich brauchen und welches sie gerne weitergeben wollen.
Veranstalten Sie dann mit den Familien einen Tauschtag oder einen Picknickdecken-Flohmarkt. Auch ein dauerhaftes Tausch- oder Verschenkregal im Eingangsbereich der Kita bietet sich an. Spielsachen, Bücher, Kleidung finden hier Platz und sicher bald auch ein neues Zuhause. Dadurch bekommen Kinder einen Zugang zum nachhaltigen Konsumverhalten. Sie machen die Erfahrung, dass Gegenstände, die sie gerne haben möchten, nicht neu gekauft werden müssen und dass Dinge, die sie nicht mehr brauchen, für andere noch wertvoll sein können.

TAUSCHREGAL

Hey, Ihr lieben Leut,
macht anderen 'ne Freud!
Was Ihr nicht mehr braucht daheim,
stellt's doch in dieses Regal hinein.
Spielsachen, Bücher, Spiele und davon
auch ganz viele,
nur damit herein.
Ein anderes Kind freut sich sehr
und die Umwelt noch viel mehr!
Im Gegenzug nehmt Euch was raus,
dass es nicht zu leer bleibt
bei Euch zu Haus!

Quelle: Ev. Kita Rohr St. Emmeram, Rohr

Designed by vectorpocket / Freepik

Reparaturwerkstatt

Es kann immer passieren, dass etwas kaputtgeht. Doch das heißt nicht, dass es auch sofort im Müll landen muss. Können Teile davon noch verwendet werden, kann man es reparieren oder kann man daraus etwas Neues gestalten? Egal ob dem Teddy ein Auge fehlt, die Socke ein Loch hat oder das Fahrrad einen platten Reifen: Beim Reparieren von Dingen erleben Kinder, dass die Dinge wertvoll sind und es sich lohnt, sorgsam damit umzugehen und auch etwas Kaputtes nicht gleich wegzuwerfen. Im Vordergrund steht die Erfahrung, etwas selbst wieder funktionstüchtig oder hübsch gemacht zu haben, eigene Ideen zu entwickeln und gemeinsam Neues auszuprobieren.

Lies dich klimaschlau!
Ingrid Miklitz (2020): Auf dem Weg zur plastikfreien Kita. Freiburg: Herder.

9.2 Einfälle statt Abfälle

Menschen in Europa werfen pro Jahr durchschnittlich 520 Kilogramm Haushaltsabfälle weg, das sind rund 1,5 Kilogramm pro Tag. Wertvolle Rohstoffe, Energie und Arbeitszeit, die für die Produktion der Dinge eingesetzt wurde, landen damit auf dem Müll. Zusätzlich belastet die Entsorgung dieses Müllbergs unser Wasser, unseren Boden und unser Klima.

Die Natur macht es besser: Sie produziert im Überfluss „Lebensmaterial" aus unschädlichen Stoffen. Mit Sonnenenergie lässt sie Bäume, Getreide, Obst und Gemüse wachsen. Was nicht mehr gebraucht wird, wird vollständig zerlegt, abgebaut und steht dann wieder als wertvoller Rohstoff zur Verfügung. Der Naturkreislauf ist ein funktionierendes System, wenn der Mensch nicht zu stark in ihn eingreift und die Recyclingprozesse stört. Darum muss die Devise lauten: Abfall vermeiden!

Das gilt insbesondere für Plastik. Wollen wir uns eine Welt vorstellen, in der es mehr Plastik als Fische in den Meeren gibt? 2050 könnte das bereits der Fall sein (vgl. World Economic Forum 2016). Jedes Jahr verseuchen mehr als 10 Millionen Tonnen Müll die Weltmeere, drei Viertel davon sind aus Plastik (vgl. NABU o. J.) – und allein eine Plastikflasche braucht im Salzwasser 450 Jahre, bis sie wieder zersetzt ist! Doch nicht nur die Entsorgung von Plastik im Meer ist ein Problem. Plastik besteht aus Erdöl. Von der Rohstoffgewinnung über die Produktionsprozesse bis hin zur Müllverbrennung wird darum eine Menge CO_2 freigesetzt.

Verpackung an der Leine

Durchschnittlich produzieren wir in Deutschland über 4 Kilogramm Verpackungsmüll pro Person und Woche. Etwa die Hälfte des Mülls stammt aus Privathaushalten (vgl. Brandt 2020). Ein großer Anteil davon sind Lebensmittelverpackungen. Aber warum müssen Lebensmittel überhaupt verpackt werden? Gehen Sie mit den Kindern anhand ihrer Brotdosen der Frage auf den Grund, wann Verpackungen sinnvoll sind (Schutz-, Lager- und Transportfunktion) und welche sich am besten eignen. Aus welchem Material bestehen sie? Und welche sind besonders klimafreundlich? Überlegen Sie dann gemeinsam, wo und wie Sie Verpackungsmaterial sparen können, z. B. bei mitgebrachten Mahlzeiten. Stellen Sie selbst Wachstücher her oder wiederverwendbare Stoffverpackungen für Geschenke. Sie können auch über mehrere Wochen Verpackungsmaterial, das anfällt, in der Kita sammeln. Hängen Sie es für alle an einer Leine auf oder gestalten Sie daraus ein Müll-Kunstwerk.

Experimente mit Naturverpackungen

Welche Verpackungen gibt es in der Natur? Erforschen Sie mit den Kindern, wie die Natur ihre Produkte verpackt (Bananenschale, Nussschale, Baumrinde, Schneckenhaus ...). Aus welchen Materialien bestehen sie? Und was passiert mit den natürlichen und künstlichen Verpackungen, wenn sie nicht mehr gebraucht werden?
Das testen die Kinder mit einem Langzeitexperiment: Sie vergraben unterschiedliche Verpackungsmaterialien (z. B. Apfelgehäuse, Bananenschale, Papier, Metall, Plastik, Stoff und abbaubaren Bio-Kunststoff) im Garten. Was schätzen die Kinder, wie lange es braucht, bis die Materialien abgebaut sind? Graben Sie diese Materialien alle paar Wochen oder Monate aus und dokumentieren Sie den Zustand mit einem Foto.

Papierdetektive und -detektivinnen

Viele Wertstoffe wie z. B. Kunststoffe, Glas und Papier können sehr gut recycelt werden. Auch Bioabfall lässt sich problemlos wiederverwerten. Auf dem Kita-eigenen Kompost verwandelt er sich in wertvollen Humus – ohne zusätzliche Energie! Nehmen Sie darum im Team und mit den Kindern Ihren eigenen Abfall unter die Lupe.

Gelingt die Mülltrennung und können Sie vielleicht auf Altpapier umsteigen? Für recyceltes Papier müssen keine zusätzlichen keine Bäume gefällt werden und die Produktion verbraucht viel weniger Wasser und Energie. Welche Siegel entdecken die Kinder auf den Papierprodukten in der Kita (z. B. „Blauer Engel")? Als kreatives Recyclingprojekt stellen Sie mit den Kindern neues Papier aus Altpapier her. Organisieren Sie in der Kita außerdem Sammelaktionen für spezielle Wertstoffe, wie z. B. für Handys oder Druckerpatronen.

Aus alt mach neu: Upcycling

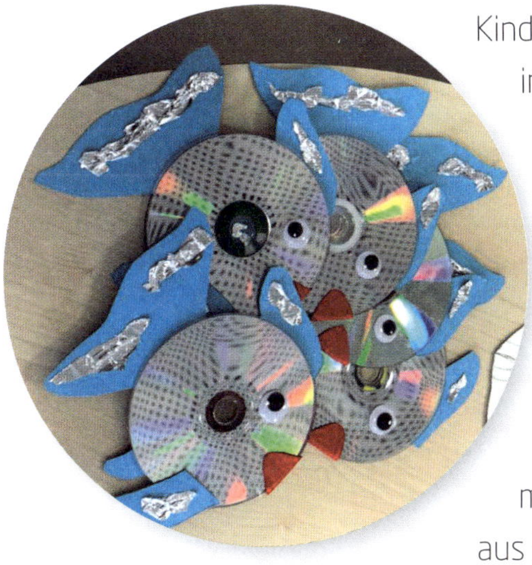

Kinder sind Profis im Upcyceln. Im Handumdrehen wird im Spiel ein alter Karton zur Ritterburg oder ein altes Betttuch zur Dinosaurierhöhle. Sie entdecken in vermeintlichen Abfällen und Alltagsmaterialien immer neue Verwendungszwecke. Lassen Sie sich als Fachkraft von dieser Fantasiereise anstecken. Nutzen Sie die Vielfalt an Wertstoffen für kreative Angebote im Kita-Alltag: Fertigen Sie in der Gruppe aus Kartons Häuser, bemalen Sie alte Gefäße zu Blumentöpfen, stellen Sie aus Korken Stempel oder aus alten Dosen Wurfspiele her. Ein besonders vielfältiges Abfallprodukt sind Getränketüten. Basteln Sie mit den Mädchen und Jungen daraus etwa Stifthalter, Vogelfutterhäuschen, Geldbörsen, Blumenvasen oder Schmetterlingshäuser. Auch ausgediente Möbelstücke, Holzpaletten oder Kleidungsstücke lassen sich toll umgestalten. Fragen Sie unbedingt die Kinder nach Ideen!

Gartenzaunbeet aus Getränkekartons

Gestalten Sie mit den Kindern ein umweltfreundliches und platzsparendes Gartenzaunbeet! Dafür brauchen Sie lediglich Getränketüten (am besten mit Metallbeschichtung), Schere, Ahle, Schnur oder Draht und Blumen- bzw. Kräutererde.
Waschen Sie zunächst die Getränketüten gut aus. Dann schneiden Sie den oberen Teil ab und kürzen drei Seiten um 2 bis 3 Zentimeter. Nachdem Sie die vierte Seite

nach innen umgeklappt haben, stechen Sie mit einer Ahle 2 Löcher hinein und fädeln Sie eine Schnur oder Draht zum Aufhängen durch. Anschließend werden auch in den Boden 5 kleine Löcher gestochen, damit überschüssiges Gießwasser abfließen kann. Jetzt sind die Kinder an der Reihe: Wer möchte, darf ein kleines Pflanzgefäß mit wasserfesten Farben bunt gestalten. Dann befüllen alle gemeinsam die Tüten zu drei Vierteln mit Blumen- oder Kräutererde und säen bzw. setzen Pflänzchen hinein: Kräuter, essbare Blumen, Erdbeeren und einiges mehr gelingt problemlos in den gebastelten Blumentöpfen. Zum Schluss werden die Pflanzgefäße am Gartenzaun bzw. einem Wandgitter aufgehängt.

Gestalten mit Eierkartons

Kaum ein Verpackungsmaterial ist so spannend wie Eierkartons. Denn es ist nicht nur umweltfreundlich, sondern daraus lassen sich auch tolle Dinge zaubern: Häuser, Türme, bunte Drachen oder Sortierstationen.

Wenn Sie sich Sorgen wegen einer Salmonelleninfektion machen, können Sie die Kartons bei etwa 100 °C für 10–20 Minuten in den vorgeheizten Backofen stellen. Nutzen Sie am besten die Restwärme nach dem Kuchenbacken, um die Eierkartons keimfrei zu machen – dann schonen Sie gleichzeitig das Klima!

10. Klimaweltreise – Klimazonen auf der Spur

Sonnenstrahlen treffen nicht überall gleich stark auf unseren Planeten. Deswegen gibt es unterschiedliche Klimazonen:

- polare und subpolare Zone: Am Nordpol und am Südpol treffen die Strahlen sehr flach auf und haben weniger Kraft, um die Erde zu wärmen. Darum ist es hier am kältesten.
- gemäßigte Zone: Zwischen den heißen und kalten Zonen der Erde liegen die gemäßigten Zonen. Hier gibt es unterschiedliche Jahreszeiten.
- tropische und subtropische Zone: Am Äquator treffen die Sonnenstrahlen das ganze Jahr über fast senkrecht auf die Erde. Darum ist es hier sehr warm.

Erforschen Sie gemeinsam mit den Kindern die verschiedenen Klimazonen der Erde. Eine Klimaweltreise ist spannend und macht Spaß. Sie lernen dabei nicht nur die einzigartige Vielfalt, Schönheit und Besonderheit des Lebens auf dem Planeten Erde kennen und schätzen. Die Kinder erhalten auch ganz praktische Einblicke in die globalen Zusammenhänge der Klimakrise.
Sie erfahren zum Beispiel, dass der Eisbär nicht einfach seinen Lebensraum wechseln kann. Er ist an die arktischen Bedingungen angepasst. Wenn sein Lebensraum schmilzt, findet er keine Nahrung mehr. Ähnliches gilt für den Koalabären, Korallen, Froscharten, viele Insekten und nicht zuletzt für die Menschen. Verändert sich das Klima, muss sich auch unsere Lebensweise ändern. Einige Lebewesen können sich an Klimaveränderungen anpassen, aber leider nicht alle.

10.1 Steckbriefe der Klimazonen

Zur **polaren Zone** gehören im Norden der Nordpol (Arktis), Grönland und Teile Kanadas, Skandinaviens sowie Sibirien und im Süden der Südpol (Antarktis). Die Temperaturen liegen fast immer unter 0 °C. Es ist also noch kälter als bei uns im Winter. Die

Prima-Klima-Fragen

- Wie leben Menschen und Tiere in den unterschiedlichen Klimazonen?
- Wie sehen Häuser indigener Völker aus? Mit welchen Materialien bauen sie?
- Wovon ernähren sich die Menschen und Tiere? Welche Lebensmittel bietet ihnen die Natur? Woher bekommen sie sonst ihre Lebensmittel?
- Welche besonderen Fähigkeiten haben und brauchen die Menschen in dieser Region? Welche Berufe gibt es?
- Wie leben die Kinder? Welche Spiele spielen sie? Gehen sie in den Kindergarten oder in die Schule? Wie kommen sie dorthin?
- Gibt es alte Traditionen, die mit dem Klima zusammenhängen (Kleidung, Feste, Rituale)?
- Welche Veränderungen bringt die Klimakrise für Menschen und Tiere in dieser Region mit sich?

kälteste Temperatur wurde am Südpol gemessen: – 98,6 °C. In den meisten Gegenden bedeckt Eis und Schnee die Erdoberfläche und vielerorts ist der Boden dauerhaft gefroren (Permafrostböden). Es herrschen dort ähnliche Bedingungen wie bei uns ganz oben im Gebirge. Auf den Eisflächen wachsen teilweise gar keine Pflanzen, in der Tundra wachsen Gräser, Moose und Flechten. Die Sommer sind kurz und hell – am Polartag geht die Sonne gar nicht unter. Die Winter hingegen sind lang, dunkel und schneereich – in der sogenannten Polarnacht geht die Sonne gar nicht auf. Manchmal leuchtet der Himmel magisch grün. Das nennt man Polarlichter.

Die **tropische Zone** zieht sich wie ein grüner Gürtel um den Äquator. Nah am Äquator ist es heiß, die Luftfeuchtigkeit sehr hoch und es regnet viel. Weiter weg vom Äquator ist es trockener. Je nachdem, wie viel Regen fällt und wie viel Wasser verdunsten kann, gibt es unterschiedliche Vegetationszonen. In den Tropen existieren keine Jahreszeiten wie bei uns, sondern Dauerregen oder eine Regenzeit und eine Trockenzeit. Die Tage und Nächte sind gleich lang. (Mehr Infos zur tropischen Zone finden Sie in Kapitel 5.2.)

Zur **subtropischen Zone** gehören Steppen und Wüsten verschiedener Kontinente und Mittelmeerregionen. Es gibt Regionen mit Regen- und Trockenzeiten im Wechsel, aber auch Gebiete, in denen es jahrelang nicht regnet. Am Mittelmeer gibt es heiße, trockene Sommer und milde, feuchte Winter. Die Sandwüsten sind tagsüber sehr heiß und nachts um die 0 °C oder kälter.

In der **gemäßigten Zone** leben wir! Der größte Teil Europas sowie große Teile Nordamerikas und Asiens liegen in der gemäßigten Zone. Die Temperaturen erreichen im Jahresdurchschnitt 5 °C bis 15 °C. Niederschläge gibt es das ganze Jahr über, die Witterung ist häufig unbeständig. In der gemäßigten Zone wachsen Nadel-, Misch- und Laubwälder. Es gibt vier Jahreszeiten: Frühling, Sommer, Herbst und Winter. Je nach Jahreszeit und Stand der Sonne sind die Tage mal kürzer, mal länger.

Klimazonen-Pantomime

Mit den Kindern macht es viel Spaß, die einzelnen Klimazonen in einem Bewegungsspiel pantomimisch darzustellen. Vereinbaren Sie jeweils eine bestimmte Bewegung für eine Klimazone, z. B. „zittern" für die polare/subpolare Zone, „Schweiß von der Stirn wischen" bei der (sub-)tropischen. Dann stellen Sie Rätselfragen zu den Klimazonen. Wo wachsen Bananen? Wo ist der Eisbär zu Hause? Wo gibt es Frühling, Sommer, Herbst und Winter? Als Antwort zeigen die Kinder die entsprechende Bewegung. Auch Rollenspiele helfen, die Klimazonen lebendig zu machen. Entwickeln Sie gemein-

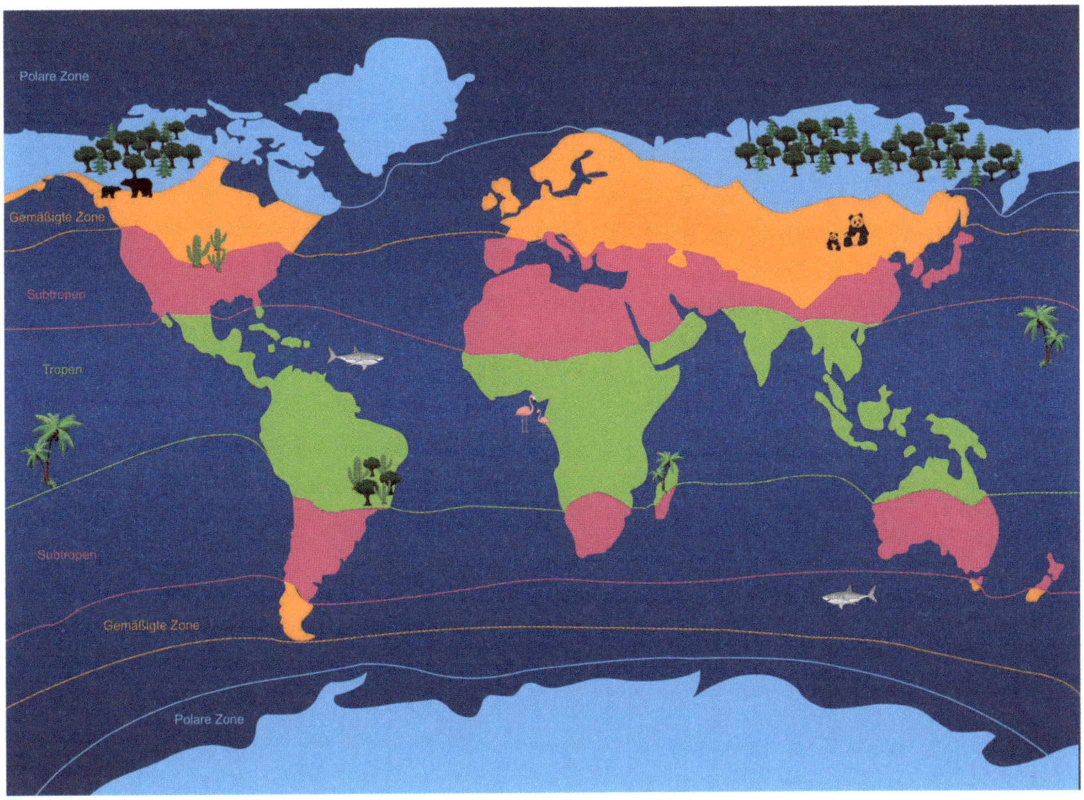

sam mit den Kindern kleine Szenen und Rollenspiele, bei denen Kinder in die Rolle der Menschen, der Tiere und Pflanzen schlüpfen. Zum Beispiel rücken die Affen im Regenwald immer näher zusammen. Eisbären hüpfen von Scholle zu Scholle und Schmetterlinge machen sich auf die Suche nach Nektar.

Anzieh-Spiel

Kennen die Kinder Orte in anderen Klimazonen? Waren sie schon einmal ganz weit im Norden oder in Afrika? In welcher Klimazone würden sie gerne Zeit verbringen? Um das Wetter in der jeweiligen Klimazone deutlicher zu machen, können die Kinder ein Anzieh-Spiel spielen. Die Fachkraft stellt Utensilien wie Mütze, Schal, Handschuhe, Skibrille, Sonnenhut, Sonnencreme, Sonnenbrille und Regenschirm zur Verfügung. Dann fragen die Kinder: „Wohin geht unsere Reise?" Sobald die Fachkraft auf dem Kinderglobus oder einer Weltkarte auf eine Klimazone zeigt (siehe Grafik, S. 89), ist das für die Kinder der Startschuss, um sich ein passendes Kleidungsstück zu suchen. Bei der gemäßigten Zone sind alle Gegenstände erlaubt. Für welches Reiseziel entscheiden sich die Kinder?

10.2 Auf zur Klimaweltreise

Mit jedem Schritt hinterlassen wir einen Fußabdruck auf dieser Erde. Damit wir die Schätze unserer Erde auf der Klimaweltreise bewahren, sollte die Reiseleitung einiges beachten:

- Wir bewegen uns achtsam in dieser Welt! Schon bei der Wahl der Verkehrsmittel für die Klimaweltreise sollte Klimaschutz ein Thema sein.
- Stereotype vermeiden: Welche Bilder vermitteln wir den Kindern von der Welt? Zeigen Sie den Mädchen und Jungen die Vielfalt in den Regionen, wie z. B. traditionelle und moderne Lebensweisen aus den verschiedenen Ländern und Regionen (Häuser, Berufe, Kleidung ...).
- Achtsame Sprache und Begriffe: Auch wenn es manchmal anstrengend ist, sollten sich Erwachsene bemühen, in Bezug auf Sprache sensibel zu sein – gerade wenn sie mit Kindern sprechen. Es ist ein wichtiges Zeichen von Respekt, andere Völker bei ihrem selbst gewählten Namen zu nennen und keine Bezeichnungen zu verwenden, die von den Betroffenen als diskriminierend empfunden werden.

Eskimo, Inuit oder ganz anders?

Am Beispiel der indigenen Völker im nördlichen Polargebiet zeigt sich, wie vorsichtig man mit Fremdbezeichnungen umgehen sollte. Seit dem 17. Jahrhundert wurden sie „Eskimos" genannt. Da man früher fälschlicherweise geglaubt hat, dass „Eskimo" übersetzt „Rohfleischesser" heißt, haben viele nördliche Volksgruppen diese Bezeichnung jedoch als diskriminierend abgelehnt. Die indigenen Völker der Antarktis selbst bezeichnen sich als „Mensch". In der Sprache des jeweiligen Stammes kann das „Inuit" heißen, aber auch „Yupik", „Kalaallit" oder „Inupiat". Mit der bei uns heute üblichen Bezeichnung „Inuit" identifizieren sich also nicht alle. Auch der Begriff „Eskimo" ist bei einigen Gruppen weiterhin umstritten.

Reisevorbereitungen

Suchen Sie mit den Kindern Informationen zur Reise. Was wissen die Kinder über das Reiseziel? Gibt es Bilderbücher oder Medien zum Anschauen? Sammeln Sie eine Vielfalt an Fragen, Vermutungen, Geschichten und Fakten. Welche Fragen haben die Kinder noch? Was möchten Sie auf der Reise entdecken und erfahren?
Breiten Sie auf einem Tisch oder Tuch symbolisch Ihre Sammlung an Wissen und Ideen zum Reiseziel aus. Gibt es einen Experten oder eine Expertin, die die Kinder auf der Reise begleiten kann? Wie kommen die Kinder möglichst klimafreundlich zu ihrem Ziel?

Ich packe meinen Rucksack

Zuerst müssen wir auf der Reise einige wichtige Dinge in unseren Rucksack packen ...
Die Kinder spielen dafür eine Runde „Ich packe meinen Koffer/Rucksack": Was brauchen wir für die Reise? Welche Art von Kleidung? Wollen die Mädchen und Jungen ein Gastgeschenk mitbringen? Brauchen sie Proviant? Wasserflasche nicht vergessen!
Welches Material braucht die Gruppe noch für die Expedition? Bücher, Fotoapparat, Regenschirm, Kuscheltier als Reisebegleiter?

Los geht die Reise

Wir fahren mit dem Fahrrad, Laufrad, Rutschauto oder Roller zur Bushaltestelle.	*Die Kinder liegen auf dem Rücken und strampeln. Am Berg strampeln sie schneller, bergab geht es leichter. Alternativ imitieren sie auf dem Rücken die Bewegung, wie sie ein Rutschauto oder den Roller antreiben.*
Dann geht's weiter mit dem Bus zum Bahnhof.	*Die Kinder setzen sich auf und ahmen das Lenken im Bus nach. Auf einer Schotterstraße ruckelt es heftig und die Kinder wackeln kräftig mit dem ganzen Körper.*
Mit dem Zug fahren wir bis zum Hafen.	*Tsch, tsch, tsch, die Eisenbahn ... Kinder ahmen einen Zug nach: Sie strecken die Arme auf Schulterhöhe nach vorn, winkeln die Beine an, der Oberkörper bewegt sich vor und zurück.*
Im Hafen steigen wir in ein riesengroßes Schiff.	*Kinder liegen auf dem Rücken, die Arme am Körper. Sie heben gleichzeitig den Kopf und die Beine in die Höhe.*
Im Meer gibt es hohe Wellen, Sturm und dann ist es wieder ganz ruhig.	*Kinder halten ruhig die Stellung, wackeln und schaukeln dann hin und her, bevor sie wieder ruhig werden. Das kann mehrmals wiederholt werden.*
Als wir im großen Hafen ankommen und aussteigen, können wir nur ganz komisch laufen. So, als würde der Boden schwanken ...	*Kinder stehen auf und torkeln lustig hin und her.*
Wir steigen wieder in einen Bus.	*Kinder setzen sich auf und ahmen das Lenken im Bus nach. Auf einer Schotterstraße ruckelt es heftig und die Kinder wackeln kräftig mit dem ganzen Körper.*
Dann kommen wir zu einem kleinen Ruderboot ...	*Kinder winkeln die Beine an und ahmen eine Ruderbewegung nach.*
Den letzten Teil des Weges laufen wir.	*Kinder laufen auf dem Fleck.*
Jetzt sind wir da. Was seht ihr, was hört ihr? Wie ist das Wetter? Wie fühlt ihr euch? Was möchtet ihr näher ansehen?	*Die Kinder kommen in Ruhe an. Sie nehmen sich Zeit und spüren, wie es sich anfühlt, hier zu sein.*
Zurück geht es auf demselben Weg oder, wenn es mal schnell gehen muss, auf dem fliegenden Zauberteppich.	*Die Kinder sitzen im Schneidersitz. Mit den Händen umfassen sie die Knie. Sie bewegen den Oberkörper im Kreis – zunächst langsam und dann immer schneller. Dann wechseln sie die Richtung.*

Serviceteil

Literatur & Links

Literatur

Berkel, M. (2020): CO_2-Ausstoß der Länder: Top-10 und Pro-Kopf-Verbrauch im Überblick. https://www.co2online.de/klima-schuetzen/klimawandel/co2-ausstoss-der-laender/

Brandt, M. (2020): 227,5 kg Verpackungsmüll. https://de.statista.com/infografik/19987/verpackungsverbrauch-in-deutschland/

Brockhaus, S. (2021): CO_2-Fußabdruck: Die Fakten zum CO_2-Footprint. https://utopia.de/ratgeber/co2-fussabdruck-die-fakten-zum-co2-footprint/

Bundesministerium für wirtschaftliche Zusammenarbeit und Entwicklung (2022): Agenda 2030. Die globalen Ziele für nachhaltige Entwicklung. https://www.bmz.de/de/agenda-2030

Deutsche Gesellschaft für Ernährung (DGE) (Hrsg.) (2020): DGE-Qualitätsstandard für die Verpflegung in Kitas. https://www.fitkid-aktion.de/fileadmin/user_upload/medien/DGE-QST/DGE_Qualitaetsstandard_Kita.pdf

Deutsches Komitee für Unicef (2022): Die Auswirkungen des Klimawandels auf Kinder und Jugendliche. Die Klimakrise ist eine Krise der Kinderrechte. https://www.unicef.de/informieren/einsatz-fuer-kinderrechte/klimawandelundkinderrechte

EAT (2019): Food Planet Health. Summary Report of the EAT-Lancet Commission. https://eatforum.org/content/uploads/2019/07/EAT-Lancet_Commission_Summary_Report.pdf

Ernährungsberatung RLP (2020): Lebensmittelverschwendung in Deutschland. Ausmaß und Lösungsansätze. https://www.dlr-rheinpfalz.rlp.de/Internet/global/themen.nsf/27CC2458A190006CC12578AA00228A28/563ED998717C7C4EC12580D7004F3E49

Green City (o. J.): Bus mit Füßen. https://www.greencity.de/projekt/bus-mit-fuessen/

Haan, G. de (2008): Vorwort des Vorsitzenden des Nationalkomitees für die UN-Dekade „Bildung für nachhaltige Entwicklung". In: Stoltenberg, U.: Bildungspläne im Elementarbereich. Ein Beitrag zur Bildung für nachhaltige Entwicklung. Bonn: Deutsche UNESCO-Kommission, S. 5–7.

Leyendecker, F. (2021): Kita St. Franziskus hat erfolgreich am Stadtradeln teilgenommen. https://www.wssi.de/kita-st-franziskus-hat-erfolgreich-am-stadtradeln-teilgenommen/

Ministerium für Soziales, Gesundheit, Jugend, Familie und Senioren des Landes Schleswig-Holstein (2019): Erfolgreich starten. Handreichung zu Bildung für eine nachhaltige Entwicklung in Kindertageseinrichtungen. https://www.schleswig-holstein.de/DE/Landesregierung/VIII/Service/Broschueren/Broschueren_VIII/Kita/Handreichung_Nachhaltige_Entwicklung.pdf?__blob=publicationFile&v=1

Ministerium für Umwelt, Klima und Energiewirtschaft Baden-Württemberg (2021): Malwettbewerb „Klima-Heldinnen und Klima-Helden". https://www.nachhaltigkeitsstrategie.de/wettbewerbe/detail/malwettbewerb

NABU (o. J.): Plastikmüll und seine Folgen. Abfälle bedrohen Vögel, Delfine und Co. https://www.nabu.de/natur-und-landschaft/meere/muellkippe-meer/muellkippemeer.html

NAHhaft e. V. (2020): KlimaTeller. Zutaten für die klimafreundliche Küche. https://www.klimateller.de/zutaten-fuer-die-klimafreundliche-kueche/

Pallinger, J. (2021): Sprachwandel. „Klimawandel", „Klimakrise", „Klimakatastrophe": Wie es heißen sollte. In: Der Standard. https://www.derstandard.de/story/2000126601766/klimawandel-klimakrise-klimakatastrophe-wie-es-heissen-sollte

Shell Deutschland (Hrsg.) (2019): Zusammenfassung Shell Jugendstudie. https://www.shell.de/ueber-uns/initiativen/shell-jugendstudie.html

Stiftung Haus der kleinen Forscher (Hrsg.) (2018): Macht mit! Bildung für nachhaltige Entwicklung in der Praxis. https://www.haus-der-kleinen-forscher.de/fileadmin/Redaktion/1_Forschen/Themen-Broschueren/Broschuere_BNE-2_2019.pdf

Stiftung Unternehmen Wald (2022): Wie viel Kohlendioxid (CO_2) speichert der Baum bzw. der Wald. https://www.wald.de/waldwissen/wie-viel-kohlendioxid-co2-speichert-der-wald-bzw-ein-baum/

Umweltbundesamt (2022): Energieverbrauch nach Energieträgern und Sektoren. https://www.umweltbundesamt.de/daten/energie/energieverbrauch-nach-energietraegern-sektoren#allgemeine-entwicklung-und-einflussfaktoren

WDR (2016): Palmöl. Reportermagazin neuneinhalb. https://kinder.wdr.de/tv/neuneinhalb/neuneinhalb-lexikon/lexikon/p/lexikon-palmoel-100.amp

Weltenergierat Deutschland (2022): Energie in Deutschland: Zahlen und Fakten. https://www.weltenergierat.de/publikationen/energie-fuer-deutschland/energie-in-deutschland-zahlen-und-fakten/

World Economic Forum (2016): The New Plastics Economy. Rethinking the future of plastics. https://www3.weforum.org/docs/WEF_The_New_Plastics_Economy.pdf

WWF Deutschland (2021): Earth Overshoot day. https://www.wwf.de/earth-overshoot-day

WWF Deutschland (2020): Palmöl: Segen oder Fluch? https://www.wwf.de/themen-projekte/landwirtschaft/produkte-aus-der-landwirtschaft/palmoel/palmoel-segen-oder-fluch

(Letzter Stand der Online-Quellen: 25.03.2022)

Links

BNE/Globales Lernen/Agenda2030

www.kita-global.de
www.kita-weltbewusst-2030.de
www.fairekita-bw.de
www.faire-kita-nrw.de
www.kita21.de
www.haus-der-kleinen-forscher.de
www.bne-portal.de
www.bmz.de/de/agenda-2030
www.situationsansatz.de/fachstellekinderwelten/

Klima & mehr

www.klima-kita-netzwerk.de
www.kindermeilen.de
www.regenwald-schuetzen.org
www.abenteuer-regenwald.de
www.bildungsserver-wald.de/die-klimakoenner
www.wald.de
www.robinwood.de/
www.wwf.de
www.ichkannkochen.de
www.gemueseackerdemie.de/ackerkita/
www.kikuna-welt.de
www.restlos-gluecklich.berlin/kitaprojekt
www.klimafakten.de

Weiterführende Lesetipps

Arkona, M. (2010): Gibt es bald keine Eisbären mehr? So verstehst du den Klimawandel; Herder Verlag, Freiburg im Breisgau

Ars-narrandi e.V.(2020): Ein Korb voller Früchte Nachhaltige Geschichten zu den 17 Zielen für Nachhaltige Entwicklung, Stuttgart

Back, A.; Buchmann, L. (2021): Mit Kindern forschen experimentieren, lernen. Wetter, Klima und Klimawandel; Kaufmann, Lahr

Gonstalla, E. (2017): Das Ozean-Buch. Über die Bedrohung der Meere; oekom verlag, München

Gonstalla, E. (2019): Das Klima-Buch. Alles, was man wissen muss. In 50 Grafiken; oekom verlag, München

Gonstalla, E. (2021): Das Eis-Buch. Alles, was man wissen muss. In 50 Grafiken; oekom verlag, München

Gonstalla, E. (2021): Das Wald-Buch. Alles, was man wissen muss. In 50 Grafiken; oekom verlag, München

Hirschhausen, E. v. (2021): Mensch Erde! Wir könnten es so schön haben; dtv, München

Kandeler, J. (2005): Kinder lernen Umwelt schützen Handbuch für Umweltpädagogik in Kindergarten & Grundschule; Natur & Umwelt Verlag, Berlin

Larsson, P. (2021): Storys für kleine Weltretter Inspirierendes Kinderbuch über Umweltschutz, Nachhaltigkeit und Klima; lovelypubli GmbH, Berlin

Laux, B. (2009): Sonne, Wind & Wasserkraft In Experimenten und spielerischen Aktionen Klima und Energien erforschen und verstehen; Ökotopia Verlag, Münster

Lerch, J.; Löwenberg, U. (2009): Die kleinen Klima-Forscher Eine Abenteuergeschichte mit vielen Experimenten; Herder Verlag, Freiburg

Lerch, J.; Löwenberg, U. (2010): Die kleinen Energie-Forscher Geschichten mit Experimenten zum Selbermachen; Christiani, Konstanz

Mäder, C. (2012): Pia, Alex und das Klimaprojekt. Eine abenteuerliche Entdeckungsreise; Umweltbundesamt, Berlin

Nelles, D. & Serrer, C. (2021): Kleine Gase – Große Wirkung. Der Klimawandel; Klimawandel, Friedrichshafen

Nelles, D. & Serrer, C. (2021): Machste dreckig – Machste sauber. Die Klimalösung; Klimawandel, Friedrichshafen

Prentice, A.; Reynolds, E. (2021): Klimakrise einfach verstehen! Was kannst du zur Lösung beitragen?; Usborne Publishing, London

Rödl, E.; Wylegalla, S.; Hesebeck, B. (2013): Hinterm Tellerrand beginnt die Welt -Praxisprojekte zum Thema Regenwald für Kindergärten und Kindertagesstätten; OroVerde – Die Tropenwaldstiftung, Bonn

Scharmacher-Schreiber, K.; Marian, S. (2019): Wie viel wärmer ist 1 Grad? Was beim Klimawandel passiert; Belz & Gelberg, Weinheim

Schubert, N.; Vigh, I. (2020): Grüne Helden: Ohne Plastik geht es auch; Magellan: Bamberg

Skupin, C. (2018): Erneuerbare Energien Eine Spannende Entdeckungsreise für Groß und Klein, LYS Media

Bildnachweis

Kindergarten Villa Sonnenschein, Geislingen-Aufhausen: S. 10, 14, 80
Kindergarten Spatzennest, Lonsee-Urspring: S. 18, 48, 53, 65, 85
Waldkindergarten Buntspechte, Beimerstetten: S. 56, 72
Kindergarten Bollingen, Dornstadt: S. 4, 84, 85, 86
Kath. Kindergarten St. Elisabeth, Horb-Altheim: S. 79, 80
Pixabay: S. 4, 22, 23, 24, 25, 61
Alle anderen Fotos: kikuna e.V – Zukunft Nachhaltig Gestalten

Danke!

Ich bedanke mich bei allen Kita-Teams, Kindern und Eltern sowie bei Expertinnen, Experten und Organisationen die seit vielen Jahren ihre praktischen Erfahrungen, ihr Wissen und ihre Fragen rund um nachhaltiges Handeln mit mir teilen und mich immer wieder aufs Neue inspirieren und motivieren.

Autorinnenvita

Karin Wirnsberger ist seit mehr als 20 Jahren als Bildungsreferentin für Bildung für nachhaltige Entwicklung (BNE) und Globales Lernen aktiv. Sie entwickelt Bildungsprojekte und -materialien für die Initiative *kikuna e.V. – Zukunft Nachhaltig Gestalten* und ist seit 2011 Beauftragte für Bildung für Nachhaltige Entwicklung der Gemeinde Dornstadt. Seit 2020 koordiniert sie für das *Entwicklungspädagogische Informationszentrum EPiZ* in Reutlingen u.a. die Projekte KITA.weltbewusst.2030, FaireKITA Baden-Württemberg und die bundesweite Ideenplattform KITA-Global.

FSC www.fsc.org
MIX
Paper from responsible sources
FSC® C084698

www.herder.de

Covermotiv: © freepik / AdobeStock
Fotos: siehe Bildnachweis
Coverkonzeption und Layout: Uwe Stohrer, Freiburg
Umschlaggestaltung und Satz: Arnold & Domnick, Leipzig
Lektorat: Caroline Baumer, Freiburg
Herstellung: PNB Print Ltd, Jansílí
Printed in: Latvia

Aus Umweltschutzgründen wurde dieses Buch ohne Folie produziert.
ISBN (Print) 978-3-451-39272-6
ISBN E-Book (PDF) 978-3-451-82650-4
ISBN E-Book (EPUB) 978-3-451-82651-1